KB241243

김항아의
팔도밥상

김항아의
팔도밥상

지은이 | 김항아(블루버드)

1판 1쇄 발행 2006년 8월 17일
1판 2쇄 발행 2006년 9월 1일

펴낸곳 | (주)북이십일
펴낸이 | 김영곤
책임편집 | 이상우, 오원실, 정원지
기획 · 진행 | 북케어(www.bookcare.net)
영업마케팅 | 정성진, 안경찬, 이희영, 유정희
본문 디자인 | 디박스
표지 디자인 | 디박스

등록번호 | 제10-1965호
등록일자 | 2000.5.6

주소 | 경기도 파주시 교하읍 문발리 파주출판문화정보산업단지 518-3
전화 | (031)955-2100(대표)
팩스 | (031)955-2151
E-mail | book21@book21.co.kr
http://www.book21.co.kr

값 11,000원
ISBN 89-509-0911-1 13590

* 잘못 만들어진 책은 구입하신 서점에서 교환해드립니다.

김항아의
팔도밥상

김항아 저

21세기북스

인사말

100년 만에 찾아온 찜통 같던 올 여름. 가스불 앞에서
요리를 하며 이열치열의 의미를 깊이 되새기다 보니 어느새
이렇듯 책이 나오게 되었네요.

처음 'Bookcare'와 인연이 닿아 팔도요리의 저자를 맡게 되었을 땐 제게도 생소하기만 한 어려운 요리들을 잘 해낼 수 있을지 많은 고민을 했었답니다. 또한 가보지도 않은 이북 음식들까지 해야 한다니 걱정이 이만저만이 아니었지요. 이제와 생각해보니 아마도 저와 같은 주부님들의 일반적인 상식을 깨기 위해 제가 이 책을 쓰게 된 것이 아닌가 싶네요.

솔직히 책을 쓰면서 자료를 찾다보니 생각보다 알고 있던 요리도 많이 있더군요. 출처를 모르고 즐기던 음식들도 알고 보면 모두 족보가 있더군요. 때론 생소한 재료에 생소한 음식들을 만들면서 저 역시 당황한 적도 없진 않지만, 저와 같이 생소하게 느끼실 많은 분들을 위해 좀 더 쉽고 간결한 방법으로 조리법을 정리하려고 나름대로 애썼답니다.

많고 많은 요리책 중 하필 팔도 음식에 대한 요리책일까? 의아해 하며 처음 책 집필을 시작하게 되었지만 책을 다 쓰고 난 지금은 오히려 제게 이런 과제가 주어진 걸 감사드리고 있어요. 생소하던 음식들을 배우고 모르고 즐기던 음식의 전통을 알고 배우는 좋은 기회가 되었으니까요.

요즘 정말 많은 종류의 원하는 요리를 서점에 가면 쉽게 책으로 접할 수 있지요. 하지만 음식의 원래 원조는 다 따로 있다는 걸 이 책을 통해 간단하게나마 알려드리고 싶어요.

TV 속에 나오는 지역음식들을 보면서 군침 흘려보신 적 있으시죠? 이 책을 통해 조금이나마 팔도음식을 가까이서 쉽게 접해보실 수 있었으면 하는 것이 또 작은 바람이기도 합니다.

처음으로 책을 출간할 기회가 생기고 큰 기대와 자신감으로 부풀었지만 막상 이렇게 책이 나오고 보니 요리공부도 한번 한 적 없는 평범한 제가 요리책이라는 걸 과연 출간해도 되는 건지 부끄럽기만 합니다.
하지만 열심히 땀 흘리며 고생하고 노력한 점을 봐서 부족하더라도 많이 이해해주시길 마지막으로 부탁드릴게요.

끝으로 이 책을 쓰는 동안 함께 수고해주신 출판사와 'Bookcare' 가족 여러분께 감사드리며 유난히도 덥던 올 여름, 요리하느라 달궈진 집안에서 함께 고생해준 저희 신랑에게도 고마웠다고 전하고 싶습니다. 무엇보다 이 책을 너무나도 기다리셨던 저희 시부모님, 특히나 저희 아버님에게 "아버님 드디어 책 나왔어요~~"라고 전해드리고 싶습니다.

함께 수고해주신 모든 분들께 감사합니다.

김향아

목차

PART 1
강원도 음식 044

PART 4
전라도 음식 106

PART 5
제주도 음식 122

PART 6

충청도 음식 1 3 8

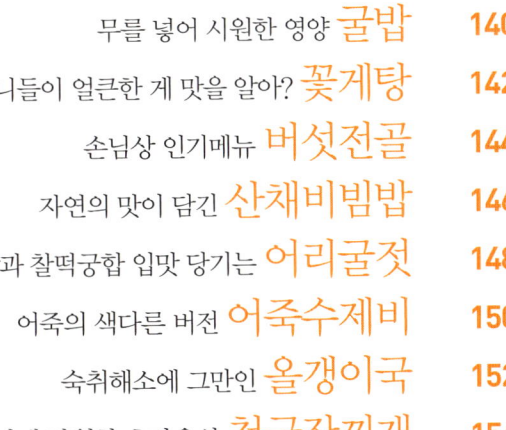

PART 9

황해도 음식 1 9 6

팔도음식에 대하여

팔도음식 발달 배경

우리나라는 남북은 길고 동서는 좁은 모양으로 되어 있습니다. 그래서 비교적 남북 간의 기후차이가 크고, 나는 식재료가 다양한 편입니다. 뿐만 아니라 북쪽은 산간지대, 남쪽은 주로 평야지대가 상대적으로 펼쳐져 있어서 각각의 자연조건에 따라 다른 생산물이 납니다. 그리고 오늘날까지 고구려, 신라, 백제, 통일신라, 고려, 조선, 대한제국을 거쳐오는 동안 해당 도시들이 각각의 특색을 가지고 있어 지역의 음식문화가 발달할 수 있었습니다.

참고로 이 책에서 말하는 팔도는 현재의 지방행정 조직이나 지리적 기준을 말하는 것이 아니라, 조선시대의 지방행정 조직인 팔도를 기준으로 하고 있습니다. 이것은 전통적인 음식이 가지는 성격과 미묘한 차이를 보다 적극적으로 구분하기 위해서 그렇게 한 것입니다. 다만 현재 해당 지역에서 팔도음식의 하나로 자리매김한 현대적 음식이 있다면 포함시켰습니다.

팔도음식의 특징

한 민족의 식생활양식은 그 민족이 처한 지리적, 사회적, 문화적 배경에 따라서 다양하게 전개되고 형성, 발전된다고 합니다. 그렇다면 우리나라만큼 음식문화가 발달할 배경을 갖춘 나라도 아마 드물 겁니다. 우리나라는 사계절이 뚜렷하고, 농업의 발달로 쌀과 잡곡의 생산이 다양하게 이루어지고 있습니다. 뿐만 아니라 삼면이 바다로 둘러싸여 수산물이 풍부하며, 육지의 경우도 조류나 육류, 채소류를 이용한 조리법이 발달되었습니다. 장류, 김치류, 젓갈류 등의 발효식품을 개발하는 높은 식문화 지혜를 가지고 있었기에 식품저장 기술도 일찍부터 이루어져 왔습니다.

그래서 궁중음식과 반가음식, 서민음식을 비롯하여 각 지역의 향토음식 조리법이 발달하였습니다. 뿐만 아니라 외국과는 차별화되게 상차림에 따른 음식의 종류가 다양하게 개발되었으며, 주식과 부식이 뚜렷이 구별되게 되었습니다.

주로 음식을 조리할 때는 잘게 썰거나 다지는 방법이 많이 쓰였으며 조미료, 향신료의 사용이 섬세하고 다양했습니다. 뿐만 아니라 우리나라 음식은 계절과 지역에 따른 특성을 잘 살렸으며 조화된 맛을 중히 여겼고 정성과 노력이 많이 들어가며 만들어진 음식의 영양, 색, 맛, 온도, 그릇과 음식과의 조화까지 고려한 예술작품이라고 불러도 좋을 정도입니다. 이처럼 팔도음식이란 우리나라 전국에서 생산되는 재료를 그 지방이 가진 특유의 조리법으로 과거로부터 현재까지 먹고 있는 음식이라고 할 수 있습니다. 이것을 좀 더 자세히 살펴보면 4가지로 구분할 수 있습니다.

첫째, 지방에서만 나오는 특유의 재료를 사용하여 그것에 적합한 조리법에 의해 발전시킨 음식들입니다. 예를 들자면 전라도의 영광굴비로 만든 음식은 재료 자체도 한정적일 뿐만 아니라, 특유의 조리법이 있기 때문에 다른 곳에서 그 맛을 흉내내기가 힘듭니다.
둘째는 해당 지방에서 많이 생산되거나 인접한 곳에서 공급받을 수 있는 재료들을 사용해서 발전시킨 음식을 들 수 있습니다. 예를 들면 춘천의 막국수나 속초의 오징어순대 같은 것입니다.
셋째는 우리 조상들이 생활하는 데 있어서 지역적인 특성이나 기후, 풍토 등이 반영되어서 나타난 음식 방법론입니다. 예를 들어 충무김밥은 밥이 쉬지 않게 하기 위해서 만든 뱃사람들의 식사였습니다. 넷째는 각 지방의 행사와 관련이 있는 음식들이 있습니다. 한 예로 설렁탕은 선농단에서 한 해 농사를 기원한 왕이 친히 밭을 갈고 농부를 불러 소를 잡고 가마솥에 끓여 먹은 것에서 발전해 온 것입니다.

팔도음식을 아끼고 사랑해야 하는 이유

외국에 나갔다 오면 흔히 애국자가 된다고 합니다. 무엇보다 사람들을 힘들게 하는 것은 음식입니다. 오죽하면 TV CF에서도 고추장이 사무친다는 카피까지 동원해서 공감대를 형성할까요.
보세요, 우리처럼 반찬을 놓고 먹는 사람들이 없습니다. 다른 나라는 반찬의 개념이라는 것, 국과 탕, 찌개라는 개념이 희박합니다. 가까운 나라, 일본만해도 그렇습니다. 일식집에서의 기본반찬?

그건 우리나라 식으로 나오는 것일뿐입니다. 대한민국은 아무리 안 나와도 밥에 우거지 된장국, 콩나물 무침, 멸치 볶음, 김치는 기본으로 나오는 나라입니다. 바로 이것이 우리 민족의 음식 문화가 가진 특징이라고 할 수 있습니다. 식탁에 주식인 빵이나 밥과 함께 기본으로 나오는 "반찬"이라는 것이 있는 나라는 우리나라뿐입니다. 너무 빨리 변하는 세상, 너무 빨리 만들고 먹는 패스트푸드의 시대에 익숙해져 이제는 우리 몸이 그런 음식을 찾는 것이 너무나 당연하다고 생각하고 있습니다. 하지만 험하고 힘든 젊은 시기를 보내고, 성공하여 여유를 찾으면 고향이 그립고, 부모님이 그리워지는 것처럼 웰빙의 시대를 맞은 우리에게야말로 우리 전통의 음식이 간절해지게 되었습니다. 우리나라의 각 지방에서 오랫동안 이어져 내려온 팔도음식은 역사적 문화적 생활사적인 가치까지 지니고 있습니다. 팔도음식을, 지역 문화를 보호·보존한다는 차원에서라도 지켜내고 애착심을 가지고 만들어 보는 것은 좋은 일이 될 것입니다.

강원도 음식

강원도는 영서지방과 영동지방에서 나는 생산물이 다릅니다. 쉽게 풀어서 말하자면 산악지방과 해안지방에서 나는 생산물이 다르다는 뜻입니다. 강원도의 위치 자체가 산촌과 해촌 사이에 있기 때문에 비교적 다양한 식생활을 할 수 있는 재료가 주어졌습니다. 영동해안지방은 싱싱한 해산물의 종류가 풍부하여 어패류를 이용한 음식이 많고, 반대로 영서지방은 깊은 산이 많아 주식으로 감자, 옥수수, 밀, 보리 등의 밭작물을 이용한 음식이 많습니다. 영서지방의 산악이나 고원지대에서는 벼농사보다는 밭농사가 더 발달해서 감자나 옥수수, 메밀 등의 잡곡이 많이 납니다. 그래서 이 지방은 다른 지방의 쌀떡보다는 잡곡으로 만든 떡이 많고, 비교적 맛과 모양도 소박한 편입니다. 산에는 도토리, 상수리, 칡뿌리, 산채들이 풍부해서 이쪽 계열의 음식들이 강세를 보입니다. 또한 육류를 쓰지 않고, 소(素)음식이 많은 편입니다. 해안지대에서는 생태, 오징어, 미역 등의 해산물이 풍부해서 이를 가공한 황태, 건오징어, 건미역, 명란젓, 창란젓 등도 빼놓을 수 없는 음식 중 하나입니다. 같은 강원도라도 산악지방은 육류를 쓰지 않는 담백한 음식이 많으나, 해안지방은 멸치나 조개를 넣어 음식 맛을 냅니다. 전체적으로 강원도 음식은 극히 소박하고 먹음직스럽습니다. 주로 생산되는 산물인 감자, 옥수수, 메밀을 이용한 음식이 다른 지방보다 발달한 것도 당연한 이치입니다.

대표적인 강원도 음식 | 주식으로는 강냉이밥, 감자밥, 차수수밥, 메밀막국수, 판국수, 감자수제비, 강냉이범벅, 어죽, 강릉방풍죽, 감자범벅, 토장아욱죽 등이 있고, 부식으로는 삼숙이탕, 소가리탕, 오징어순대, 동태순대, 오징어불고기, 동태구이, 올챙이묵, 도토리묵, 메밀묵, 미역쌈, 취나물, 취쌈, 더덕생채, 더덕구이, 명란젓, 창란젓, 오징어회, 송이볶음, 섞이나물, 감자부침, 참죽자반, 능이버섯회, 도토리묵조림, 산초장아찌, 서거리김치(명태아가미), 북어식해, 다시마튀각, 콩나물잡채, 주문진 정어리찜 등이 있으며, 떡 종류로는 감자송편, 메밀총떡, 감자경단, 방울증편, 무소송편, 찰옥수수시루떡, 과줄, 강릉산자, 약과, 송화다식, 평창옥수수엿 등이 있습니다.

서울 음식

서울지역에서 직접 생산되던 산물은 별로 없었지만 전국 각지에서 생산된 여러 가지 재료가 수도인 서울에 모이기 때문에 이것들을 활용한 다양한 음식이 발달되었습니다. 서울 음식의 간은 짜지도 맵지도 않은 적당한 맛을 지니고 있습니다. 양념들은 곱게 다져서 쓰고, 음식의 양은 적지만 가짓수를 많이 만드는 것이 특징입니다. 북쪽지방의 음식이 푸짐하고 소박한 데 비하여 서울 음식은 모양을 예쁘고 작게 만들어 멋을 내는 것이죠. 궁궐과 가까이 있어 궁중음식이 양반집에 많이 전해져서 궁중음식과 비슷한 점이 많이 있습니다.

대표적인 서울 음식 | 주식으로는 설렁탕, 잣죽, 장국밥, 비빔국수, 편수, 메밀만두, 국수장국, 꿩 만두, 흑임자죽이 있고, 부식으로는 육개장, 신선로, 장김치, 갑회, 육포, 어포, 족편, 전복초, 홍합초, 너비아니, 떡찜, 갈비찜, 전류, 편육, 어채, 구절판 등이 있습니다. 떡과 과자류에는 각종 각색단자, 약식, 느티떡, 상추떡, 매작과, 약과 등이 있습니다.

경기도 음식

경기도 지방은 옛 고려의 수도였던 개성이 있는 곳으로서 서울에 인접해 있고, 서쪽으로는 바다와 접해 있습니다. 그래서 서해안에서 채취되는 해산물이 풍부하고, 동쪽 산간지대에서는 산채가 많아 여러 가지 식품이 고루 생산되었습니다. 간은 세지도 약하지도 않은 서울과 비슷한 정도이고 양념도 많이 쓰는 편은 아닙니다. 정성을 많이 들인 호화롭고 사치한 개성 음식을 제외하고는 대체로 수수하고 소박한 편입니다. 강원도, 충청도, 황해도와 접해 있어 그 지방 음식들과 공통점이 많고 이름도 같은 것이 많습니다. 범벅이나 풀떼기, 수제비 같은 음식은 호박, 강냉이, 밀가루, 팥 따위를 섞어서 구수하게 만들고 주식인 밥은 오곡밥과 찰밥을 즐기는 편입니다. 이 지방의 음식은 전국각지로 퍼져 나가서 전국적으로 일반적 통용 음식이 되기도 하였습니다.

대표적인 경기도 음식 | 주식으로는 개성편수, 조랭이 떡국, 제물칼국수, 팥밥, 오곡밥, 수제비, 냉콩국수, 팥죽, 칼싹두기 등이 있고, 부식으로는 삼계탕, 갈비탕, 곰탕, 개성닭젓국, 아욱토장국, 민어탕, 감동젓찌게, 종갈비찜, 홍해삼, 개성무찜, 용인외지, 개성보쌈김치 등이 있으며, 떡 종류로는 개성경단, 우메기떡, 수수도가니, 수수부꾸미, 개떡, 여주산병, 개성약과가 유명합니다.

경상도 음식

경상도 음식은 크게 경북과 경남으로 나눌 수 있습니다. 경상북도는 맑고 긴 동해안을 끼고 있어서 어촌 식생활을 엿볼 수 있고, 봉화 등 북부지방에서는 산간지역적 식생활도 엿볼 수 있습니다. 대체로 산채와 곡식이 다양하고 넉넉하며 해산물 또한 풍부하여 농수산물이 식생활에 조화를 이루고 있습니다. 매우 소박하고 보수성이 강한 지역인지라 전통적인 음식이 토착화되어 향토음식으로서의 특징을 지니고 있으며, 기후가 따뜻한 까닭으로 음식의 맛은 대체로 얼얼하도록 맵고 짠 편이며, 경상도 특유의 무뚝뚝함을 반영하듯 멋을 내거나 사치스럽지 않고 소

대표적인 경상도 음식 | 주식으로는 너무나 잘 알려진 진주비빔밥, 무밥, 갱식, 애호박죽, 건진국수, 조개국수, 닭칼국수, 대구 육개장(따로국밥) 등이 있고, 부식으로는 재첩국, 추어탕, 대구탕, 깨집국, 미역홍합국, 아귀찜, 동태구이, 동래파전, 해파리 회, 콩잎장아찌, 고추부각, 우엉김치 등이 있으며, 안동식혜, 수정과, 유자화채, 유자차, 잡곡미숫가루 등 음청수가 발달했습니다.

담합니다. 경상남도는 젖줄인 낙동강이 흐르고 있어 농사와 절대적인 관계를 가지면서 농산물 위주의 식생활을 해왔고 또한 동남쪽이 바다에 접해 있어 다양한 해산물을 쉽게 구할 수 있는 지리적 여건이 그대로 반영되어서 내륙지방은 계절별로 생산되는 채소, 과일을 건조가공 저장하여 겨울을 대비하였습니다. 해안지방은 젓갈류와 신선한 해산물을 이용한 음식을 즐겨 먹었고, 산간지방은 나무열매로 만든 떡, 묵 등 식량대용식과 산채를 이용한 음식이 발달했습니다. 마찬가지로 음식의 맛은 대체로 입안이 얼얼하도록 맵고 간은 세게 하는 편이고 멋을 내거나 사치스럽게 하지 않습니다. 싱싱한 바닷고기에 소금 간을 한 후 말려서 굽는 것을 즐기고 국을 끓이는 음식이 많습니다.

전라도 음식

전라도 지방은 땅이 기름져서 풍부한 곡식과 각종 해산물, 산채 등 다른 지방에 비해 산물이 많아 음식의 종류가 다양하며, 음식에 대한 정성이 유별나고 사치스러운 편입니다. 개성음식과 더불어 2대 대표 음식이라고 합니다. 특히 전주는 조선왕조 전주 이씨의 본관이 되고 광주, 해남 등 부유한 토반들이 대를 이어 좋은 음식을 전수하는 등 어느 지방도 따를 수 없는 풍류와 맛의 전통을 지니고 있습니다. 간은 다른 지방에 비해 짜게 하는 편으로, 매운맛과 자극적인 맛이 두드러지며 고춧가루, 젓갈 등 양념을 많이 사용하여 저장성이 뛰어난 것이 특징입니다. 전라도 지방의 상차림은 음식의 가짓수가 전국에서 단연 제일이라고 할 수 있습니다.

대표적인 전라도 음식 | 주식으로는 전주비빔밥, 콩나물국밥, 깨죽, 오누이죽, 대합죽, 대추죽, 피문어죽, 합자죽, 냉국수, 고동칼국수 등이 있으며, 부식으로는 두루치기, 우찌지, 만나지, 파만두, 대합조개만두, 순창고추장, 붕어조림, 꼬막무침, 꼴뚜기젓, 무생채, 추탕, 광주애저, 용봉탕, 홍어어시욱, 죽순채, 천어탕, 토란탕, 홍어회, 꽃게장, 산낙지회, 장어구이, 죽순찜, 각종 젓갈류, 겨자잡채, 전라도김치, 머위나물, 나주집장, 부각, 산채나물, 콩나물냉국, 김자반, 김치느르미, 보릿국, 꽃게미역국 등이 있습니다. 물론 나복병, 수리치떡, 호박고지시루떡, 감인절미, 감단자, 차조기떡, 전주경단, 복령떡, 섭전, 유과, 동아정과, 연근정과, 고구마엿, 광주백당, 장성수수엿, 창평엿과 같은 떡, 과자류도 빼놓을 수 없죠. 하지만 정작 전라도 음식의 기본기를 잇는 것은 김치입니다. 전라도 김치는 간이 맵고 짜며 감칠맛이 나는데 같은 남부지방인 경상도보다 사치스런 감이 들고 해산물을 넉넉히 넣는 것이 특징입니다.

제주도 음식

제주도는 땅은 넓지 않지만 어촌, 농촌, 산촌의 생활방식으로 나눌 수 있습니다. 농촌에서는 농업을 중심으로 생활하였고 어촌에서는 해안에서 고기를 잡거나 잠수어업을 주로 하고 산촌에서는 산을 개간하여 농사를 짓거나 버섯, 산나물을 채취하였습니다. 쌀은 거의 생산하지 못하고 콩, 보리, 조, 메밀, 밭벼 같은 잡곡위주입니다. 그래서 제주도 음식은 채소와 해초가 주된 재료이고, 바닷고기도 가끔 씁니다. 수육을 만들 때에는 주로 돼지고기와 닭을 씁니다. 제주도 사람의 부지런하고 꾸밈없는 소박한 성품은 음식에도 그대로 나타나서 음식을 많이 하거나 양념을 많이 넣거나 또는 여러 가지 재료를 섞어서 만드는 음식은 별로 없습니다. 각각의 재료가 가지고 있는 자연의 맛을 그대로 내려고 하는 것도 이 지방의 특징입니다. 제주도의 특산물인 전복과 귤은 임금님에게 진상하는 품목이었다고 합니다. 지금이야 흔하지만요. 간은 대체로 짠 편이고 제주도에서만 나는 자리돔, 옥돔이 유명하고, 전복과 꿩이 흔하며 한라산에서는 표고버섯과 산채가 많이 나서 이런 재료를 이용한 요리가 특별합니다.

대표적인 제주도 음식 | 주식으로는 전복죽, 옥돔죽, 돼지새끼죽, 초기죽, 닭죽, 미역새죽, 강이죽, 생선국수, 메밀만두, 메밀국수, 메밀저배기, 곤떡국이 있으며, 부식으로는 돼지고기육개장, 고사리국, 자리물회, 톳냉국, 멈국, 옥돔국, 옥돔구이, 양애무침, 꿩적, 물망회, 전복소라회, 톳나물, 게우젓, 자리젓, 생미역쌈, 다시마쌈 등이 있으며 떡으로는 대표적으로 오메기떡이 유명합니다.

충청도 음식

옛 백제의 땅인 충청도는 충남의 예당평야와 백마강유역에 펼쳐진 지역이 농경에 적합하여 오래 전부터 쌀이 많이 생산되고 그와 함께 보리를 즐겨먹었다고 합니다. 충청도에서는 쌀, 보리 등의 곡식과 무, 배추, 고구마 등의 채소가 많이 생산되고 해안지방은 해산물이 풍부하며 내륙 산간지방에서는 산채와 버섯들이 납니다. 충청도 음식은 사치스럽지 않고 양념도 많이 쓰지 않는 것이 특징으로 담백하고 구수합니다. 또한 국물을 내는 데 고기보다는 여름에는 닭을, 겨울에는 특히 굴 같은 해산물을 쓰는 게 특징이랍니다.

이 지방은 죽, 국수, 수제비, 범벅 같은 음식이 흔하며 늙은 호박을 이용해 죽도 쑤고 범벅도 만드는 것이 색다르다고 하네요. 각종 토종 동물과 민물고기 등이 서식하여 이를 바탕으로 한 토속적인 음식이 발달한 것도 특징입니다. 그래서 음식의 맛은 젓갈을 사용하지 않아 대체로 맵고 짜지 않으며, 기름지지 않고 담백하게 토속적인 맛을 내며 음식의 모양과 색깔이 요란하지 않고, 자연 상태에 가까운 조리법을 사용하고 있습니다.

대표적인 충청도 음식 | 주식으로는 콩나물밥, 보리밥, 찰밥, 칼국수, 날떡국, 호박범벅, 녹두죽, 팥죽, 보리죽, 공주장국밥 등이 있으며 부식으로는 굴 냉국, 넙치아욱국, 청포묵국, 시래기국, 호박지찌개, 청국장찌개, 망떡, 말린묵볶음, 호박고지적, 웅어회, 다슬기국, 청국장, 열무짠지, 무지짐이, 가죽나물, 감자반, 게장, 소라젓, 굴비구이, 가지김치, 박김치, 참죽나물 등이 있습니다. 떡으로는 쇠머리떡, 꽃산병, 햇보리떡, 약편, 곤떡, 도토리떡, 무릇곰, 모과구이, 무엿, 수삼정과 등이 유명합니다.

평안도 음식

평안도 음식을 말할 때 큼직하고 푸짐하다고 하면 아마 가장 간단하게 설명이 될 것입니다. 평안도는 산세가 험하지만 서해안에 접해 있어 해산물이 풍부하고, 평야가 넓어 곡식과 산채도 많이 납니다. 거기다 옛날부터 중국과 교류가 많은 지역이었기 때문에 사람들의 성품이 대륙적이고 진취적입니다. 그래서 음식도 큼직하고 먹음직스럽고 푸짐하게 만듭니다. 당연히 추운지방이다 보니 기름진 육류 음식을 즐겨 먹게 되었고 밭에서 나는 콩과 녹두로 해먹는 음식이

대표적인 평안도 음식 | 주식으로는 온반, 김치말이, 평양냉면, 생치냉면, 어복쟁반, 온면, 만둣국, 닭죽, 어죽, 강량국수, 굴만두, 콩국수, 김치밥, 비지밥 등이 있으며 부식으로는 내포증탕, 콩비지, 전어된장국, 무청곰, 녹두지짐, 돼지고기편육, 순대, 더풀장, 고사리국, 가지김치, 두부회, 도라지산적, 오리토장국, 풋고추조림 등이 있습니다. 떡으로는 송기떡, 꼬장떡, 노티가 있습니다.

많은데 대표적으로 메밀로 만든 냉면과 만두국 같은 것이 있습니다. 평안도에서는 평양의 음식이 가장 널리 알려져 있는데, 그 가운데에서도 특히 평양냉면, 어복쟁반, 순대, 온반이 유명합니다. 서울에서도 대중화되어서 맛볼 수 있을 정도니까요. 또 겨울에 먹는 음식이 다른 지방보다 발달되어 있는 것도 특징입니다. 평안도 사람들은 음식 중에서 국수를 가장 즐겨 먹고, 겨울에는 냉면, 여름에는 어복쟁반을 즐깁니다. 냉면은 동치미국물에 말아먹기도 하고 꿩탕을 즐기기도 합니다.

함경도 음식

함경도는 험악한 산간지대가 많아 밭농사가 발달하였고 이남 지방의 곡식보다 매우 차지고 맛이 구수합니다. 특히나 콩의 품질이 뛰어나다고 합니다. 그래서 이 지방에서는 주식으로 기장밥, 조밥 등 잡곡밥을 잘 짓습니다. 고구마와 감자도 품질이 좋아서 녹말을 가라 앉혀서 반죽하여 국수틀에 눌러 먹는 냉면이 발달하였습니다. 또한 함경도와 닿아 있는 동해안은 세계 3대 어장의 하나로 명태, 청어, 대구, 연어 등의 해산물이 풍부합니다. 특히나 가자미식해가 유명하며 그 맛이 달고 상쾌하여 오래 보관하고 먹을 수 있답니다. 한편으로는 고추와 마늘 등 양념을 강하게 써서 야성적인 맛을 즐기기도 합니다. 함경도 회냉면은 홍어, 가자미 등 생선을 맵게 무친 회를 냉면에 얹어 비벼 먹는 독특한 음식으로 유명합니다. '다대기' 라는 것도 이 고장에서 나온 말로 고춧가루에 갖은 양념을 넣어 만든 것을 말합니다. 함경도 김장은 11월 초순부터 담그는데 젓갈은 새우젓이나 멸치젓을 약간 쓰고 소금 간을 주로 합니다. 그리고 동태나 가자미, 대구를 썰어 깍두기나 배추김치 포기 사이에 넣고 김칫국물을 넉넉히 붓는 것이 특징입니다. 음식의 모양은 큼직하나 황해도와 마찬가지로 장식이나 기교를 부리지 않아 소박합니다.

대표적인 함경도 음식 | 주식으로는 잡곡밥(강냉이밥 등), 닭비빔밥, 찐 조밥, 가릿국, 회냉면, 감자국수, 옥수수죽, 감자막가리만두, 얼린 콩죽, 섭죽 등이 있고, 부식으로는 동태순대, 콩부침, 동태매운탕, 비웃(청어)구이, 천엽국, 북어전, 가자미식해, 도루묵식해, 원산해물잡채, 채칼김치, 순대, 닭섭산적, 다시마냉국, 이면수구이, 북어찜, 갓김치, 영계찜, 두부전, 두부회 등이 있으며, 가랍떡, 태석, 콩떡, 인절미, 오그랑떡, 언 감자떡, 꼬장떡, 달떡, 괴명떡, 과줄, 산자, 약과, 콩엿강정, 들깨엿강정 같은 떡과 강정류가 있습니다.

황해도 음식

연백 평야와 재령 평야를 끼고 있는 황해도는 북부 지방의 곡창 지대로 쌀 생산이 풍부하고 잡곡의 생산도 많습니다. 황해도는 인심이 좋고 생활이 윤택하여 음식도 양이 풍부하고, 요리에 기교를 부리지 않아 음식 맛이 구수하면서도 소박한 편입니다. 만두도 큼직하게 빚고 밀국수를 즐겨 먹습니다. 간은 싱겁지도 짜지도 않은 편입니다. 특히, 황해도 남쪽 지방의 사람들은 굵고 차진 조를 넣어 잡곡밥을 잘 해먹는 편입니다. 밀국수와 만두에는 닭고기가 많이 쓰입니다. 황해도는 김치에 독특한 맛을 내는 고수와 '분디' 라는 향신 채소를 씁니다. 미나리과에 속하는 고수는 강한 향이 나는 풀로 중국에서는 향초라고 합니다.
배추김치에는 고수가 좋고 호박김치에는 분디가 제일이라고 합니다. 농산물로는 쌀, 옥수수, 밀, 콩, 담배 등이 생산되며, 수산물은 조기, 갈치, 민어 및 각종 조개류가 많고 간석지가 발달하여 소금도 많이 생산됩니다. 그래서 음식도 고기전, 갱국잡곡선, 행적, 고수김치, 북어찜, 오쟁이떡, 무정과 등과 같은 것이 발달했습니다.

대표적인 황해도 음식 | 주식으로는 김치밥, 잡곡밥, 비지밥, 김치말이, 밀낭화(칼국수), 수수죽, 밀범벅, 밀다갈범벅, 호박만두, 남매죽, 냉콩국, 씻긴국수 등이 있고, **부식으로는** 되비지탕, 김칫국, 조기국, 조기매운탕, 호박김치찌개, 행적, 고기전, 김치순두부, 잡곡전, 연안식해, 청포묵, 김치적, 돼지족조림, 대합전, 묵장떼묵(상수리묵), 순대, 된장떡 등이 있습니다. **떡과 한과류로는** 녹두고물시루떡, 오쟁이떡, 큰송편, 우메기, 잡곡부치기, 닭알떡, 수리취 인절미, 무정과 등이 있습니다.

참고문헌
1 | 한국의 음식문화, 이효지, 신광출판사, 1998.10
2 | 교양을 위한 음식과 식생활문화, 김기숙·한경선, 대한 교과서, 1997.9
3 | 한국음식(역사와 조리법), 윤서석, 수학사, 2000.1

항아의 계량법

주부라면 거의 다 요리책 한 권쯤은 집에 구비해 두고 있을 거예요.
하지만 항상 애매모호한 것이 한 가지 있는데 그게 바로 이 계량법이죠.
일반 주부님들이 저처럼 집에 계량저울을 두고 쓰는 경우가 많지 않기 때문에, 그램(g)이나 밀리리터(ml)로 표현된 건 어느 정도인지 감이 안 오고 한 큰술이라면 얼마의 양을 두고 하는 말인지 잘 모르는 경우가 많죠. 그래서 제 책에 쓰인 간단한 계량법을 간략하게 알려드리려고 합니다.

1 | 가루 양념 계량하기

설탕이나 소금 같은 알갱이 양념은 한 큰술이라 하면 너무 소복하지 않고, 숟가락으로 뜬 다음 살살 털어준 정도를 한 큰술로 기준삼아 (1)로 표기하였습니다.
1/2큰술(반큰술)은 가운데 소복이 담기는 정도를 말하며 이책에서는 (0.5)로 표기했습니다.
1작은술은 번거롭지 않도록 큰 숟가락으로 그냥 계량하되 수저의 앞부분인 1/3정도를 차지할 양으로 정해서 (0.3)으로 계량했습니다.

2 | 농도 있는 양념 계량하기

고추장, 초장 같은 농도가 짙은 양념의 한 큰술은 흘러내리지 않을 정도의 소복한 양이고, 1/2큰술은 손으로 반듯하게 숟가락 위를 덜어 낸 정도의 양입니다.

3 | 액체 양념 계량하기

간장, 식초 같은 흐르는 양념의 한 큰술은 숟가락으로 떴을 때 숟가락에 가득 담긴 양 정도랍니다.

4 | 1컵 계량하기

보통 집에서 쓰는 물 컵의 1컵 정도의 양으로 계량컵이 없으면 아이 젖병에 담아 계량을 하는데 물 1컵은 200ml 정도의 양이랍니다.

항아의 알뜰살뜰 재활용

요리의 기본은 요리를 취미로 생각할 것

저도 첨엔 요리라곤 프라이 정도였어요. 요리책을 뒤지면 없는 재료들과 생소한 재료들이 많잖아요. 그런 게 집에 갖춰 있지 않으면 요리할 맛이 안 나죠. 그래서 처음 요리에 취미를 붙이면서 식재료를 하나씩 모으기 시작했어요. 그러니까 자연스레 그 재료를 얼른 써보고픈 생각에 요리를 하고 싶은 맘이 생기더군요. 처음엔 월계수 잎이 뭔지 파슬리 가루는 뭔지 정말 간단한 청주가 뭔지도 몰랐지만 지금은 그런 것

들을 하나씩 알아가면서 재료를 모으다 보니 요리가 정말 쉬워졌어요. 더불어 예쁜 양념통을 모아 하나씩 담아두는 것도 일종의 요리와 관련된 취미가 되어 버렸답니다. 창가에 두니 장식도 되고 깔끔하게 수납도 되고 예쁘죠?

재활용 생활화

전 집에서 나오는 모든 튼튼한 박스나 통은 하나도 버리지 않고 따로 바구니나 큰 비닐에 담아 보관해 두는 습관이 있어요. 그래서 집안에 웬만한 소품들은 거의 재활용품들이랍니다. 처음에 시작된 건 가은이를 낳고 매주 버려지는 분유통이 아까워 모으기 시작하다 아이디어를 내서 이것저것으로 활용해 쓰던 버릇이 지금은 거의 종이든 천이든 버리지 않고 뒀다가 필요한 것들로 만드는 것이 생활화 되어버린 거죠.

그러고 보면 정말 버릴 게 하나도 없다는 말이 실로 이해가 간답니다. 기다란 과자통들은 국수나 면 종류를 담아두기 좋고 분유통은 빗꽂이나 두루마리 화장지를 담는 통으로 변신하기도 하죠. 단단한 박스는 영수증 보관함 등으로 만들기도 하고 말할 수 없이 쓰임새가 다양해서 이젠 모으다 못해 주워 올 정도랍니다. 또 한번 재활용에 재미가 들면 점점 더 많은 아이디어가 생겨요. 대체로 잡곡은 다 먹고 난 음료수 통을 껍질을 깨끗이 벗겨내고 잡곡을 담아 보관하면 이름표를 붙이지

않아도 찾기도 쉽고 덜어내기도 편리해서 아주 좋아요.

부자 되는 가장 현명한 방법은 절약이라고 하죠. 모든 주부들이 부자 되는 날까지 재활용 방법을

널리 전파할 생각이랍니다.

자료를 더 얻고 싶은 분들은 제 미니홈피로 방문해 주세요~

(http://paper.cyworld.com/parangsegaeun)

024

1 | 우유팩 재활용하기

가은이를 낳고부터 매일 우유를 꾸준히 먹기 시작했는데 매일 나오는 우유팩을 그냥 버리긴 너무 아깝더군요. 버리기 아까운 생각에 우선은 잘 씻어 바싹 말려서 보관해 뒀다가 그 양이 많아지면 생각해 보기로 하던 중 좋은 아이디어가 떠올랐답니다. 가은이가 보던 동화책이 물에 젖어 볼 수 없게 된 것이 한 권 있었는데 젖지 않은 부분을 오려서 퍼즐을 만들기로 한 거죠. 우유팩을 잘라 정육면체로 만든 다음 동화책을 그 크기에 맞게 오려서 면마다 붙여 주면 퍼즐이 완성이죠! 또 다른 방법으로는 상자 안에 소리가 나는 방울을 넣고 겉에 천을 붙여 주사위 놀이를 할 수 있는 장난감으로 만들어도 줘도 아이들이 좋아해요.

2 | 아이스크림막대 활용하기

우리집 신랑이 유난히 막대 아이스크림을 즐겨 먹는답니다. 그래서 우리집 냉동실엔 막대 아이스크림이 떨어지는 날이 거의 없지요. 그런데 언제부턴가 버려지는 멀쩡한 막대가 아깝다는 생각이 들어서 언제나 그렇듯 깨끗이 씻어 잘 말려 모아뒀죠.

그러던 중에 하루는 책을 읽는데 책갈피가 없는 거예

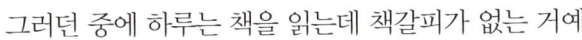

요. 임시방편으로 이것저것 책갈피로 쓰곤 했었는데 그러다 보면 그런 것들은 한번 쓰면 없어져버리고 말더라고요. 그래서 아이스크림 막대 몇 개를 책갈피로 만들어 봤죠. 나름대로 그림도 그리고 색칠도 하니 나만의 책갈피가 완성이 되었답니다. 책이 막 읽고 싶어지는 거 있죠.

3 | 조화 재활용하기

처음엔 식탁에 놓으려고 시들지 않는 조화를 사
왔는데 조금 지나고 나니 조화는 금세 질리더군
요. 때마침 인터넷에서 리스등을 발견했어요. 조
화로 꽃등을 만들어 놓은 작품이었는데 가격이
생각보다 비싸더군요. 그래서 꽃은 잘라내고 줄
기로 둥글게 틀을 만들어 글루건으로 돌려가며

틀에 꽃을 붙여줬더니 아주 저렴하게 꽃등이 완성되었답니다. 남은 꽃으로 오래 된 밋밋한 시계도
함께 리폼을 해줬더니 집안이 화사해졌답니다.

4 | 낡은 청바지 재활용하기

우리집 신랑이 결혼 전부터 큰 청바지를 즐겨 입었었는데 그 중 몇 개는 해지고 유행이 지나서 버
리려고 보니 비싼 메이커에 색도 마음에 들어 그냥 보관하고 있었지요. 그러다가 이번에 재봉틀을
사면서 리폼을 해봤어요. 신랑이 입던 거라 사이즈도 넉넉해서 가방으로 만들면 좋겠다 싶어서 만

들었는데 밋밋하고 단조로운 부분을 보안하기 위해 장롱
안에 있던 오래된 벨트의 큐빅을 떼어내서 맘대로 붙여 봤
더니 다들 탐내는 예쁜 가방이 되었답니다. 여름에 매고 다
니면 캐주얼해 보이고 아주 쏘옥~ 마음에 들어요.

5 | 구멍 난 스판바지 재활용하기

정말 아끼던 바지가 있었는데 뒷주머니 부분이 구멍이 났지 뭐예요. 도저히 버릴 수 없어서 가지고 있었는데 어느 날 문득 가은이 모자로 재탄생했답니다. 스판바지라 신축성이 좋고 부드러워 모자로 만들기 편하겠다 싶어 만들어 봤어요. 바지 밑단을 잘라 가은이 머리에 띠처럼 둘러 머리둘레를 대충 잰 다음 그 부분을 일자로 박아 윗부분은 원하는 모양으로 만들어 줬더니 좀 커도 머리에 딱 맞게 쓸 수 있는 가은이만의 독특한 모자가 완성 되었답니다. 말 안하면 아무도 만든 건 줄 모르더군요.

6 | 밋밋한 바구니 재활용하기

마트에서 아무 무늬도 없는 바구니를 1,000원에 구입했는데 그냥 쓰기엔 뭔가 허전한 감이 있더군요. 그래서 꽃등, 꽃시계와 어울리는 분위기를 연출하기 위해서 집에 있던 자투리 아크릴 물감을 이용해서 나름대로 어울리는 그림을 그려줬더니 싸구려 1,000원 짜리 바구니가 세련된 바구니로 탈바꿈했답니다.

7 | 오래된 전등 재활용하기

결혼할 때 친한 동생이 침대 옆에 놓는 예쁜 등을 선물해줬는데 몇 년이 지나고 나니 유행도 지나고 침구를 바꿔서 분위기에도 잘 어울리지도 않는 것 같아 고민이었답니다. 하나 사기에는 비싸고 고장 나지도 않았는데 버리기도 뭐하고 해서 센서가 달린 밑부분만 살리고 윗부분을 분해해서 살려 보기로 했죠. 우연히 요리책 집필을 시작하면서 인사동에 예쁜 소품을 사러 갔다가 예쁜 한지등 갓을 구입하게 되어서 센서 위에 한지등 갓을 고정시키고 연결했더니 은은하면서 분위기 있는 한지등으로 재탄생했답니다.

강원도를 떠올리게 하는 매콤한 맛의 결정
춘천 닭갈비

춘천에서 닭갈비가 발달한 배경 중의 하나는 이 지역이 양축업이 성했고, 도계장이 많았기 때문입니다. 당시 닭갈비는 가격이 대단히 저렴해서(70년대 초 닭갈비 1대 값은 100원이었다고 합니다) 돈 없는 서민이나 대학생들이 즐긴다고 해서 '대학생 갈비', '서민 갈비'라고 불렸다고 합니다.

그런 춘천 닭갈비집 중에서도 서울에서 그 맛과 독특한 서비스로 이미 유명세를 탄 음식점이 있으니, 바로 〈춘천집 닭갈비〉입니다. 특별한 서비스로 평일에도 손님이 끊이지 않는 곳으로 SBS, MBC, KBS 3사에 모두 방송출연을 했습니다. 그래서 저도 한번 큰맘먹고 찾았습니다.

자리에 앉자마자 콜라와 사이다를 서비스로

상호 : **춘천집 닭갈비**

위치 : 강북구 수유3동 4호선 수유역 7번 출구 방면에 위치한 먹자골목 내.

전화 : 02-998-8512

기타 : 10:30 ~ 03:00(주말에도 쉬지 않고 영업), 예약가능, 주차가능, 카드가능.

주고, 음식을 다 먹고 나갈 때에는 가는 길에 손이라도 따뜻하라고 건네주는 따뜻한 캔커피에 훈훈한 인심을 느낄 수 있었습니다. 워낙 방송을 많이 탄 곳이라 네티즌들 사이에서도 유명해지면서 갖가지 말들이 많았기에(특히 종업원들이 너무 친절해서 오버한다는 등, 시키지도 않았는데 말을 걸어서 짜증난다는 등) 조금 소심해지기도 했는데, 막상 가 보니 친절함이 마음속에서 우러나오는 분위기였습니다. 1, 2층으로 된 닭갈비집은 TV에서 그동안 소개되었던 녹화분이 방영되고 있었고, 종업원들은 각기 다른 코스프레 의상으로, 닭갈비를 익히는 동안 테이블에 머물며 묻는 질문에 친절히 답변해주었습니다. 닭갈비에 모둠 사리까지 시켜 배부르게 먹고 난 후 볶음밥을 주문했는데,

예쁜 하트 모양으로 만들어 주어서 정말로
먹기에는 아까웠습니다.

겨울연가의 배용준 씨의 인기가 일본에서
뜨거워지자 어떻게 알았는지 일본에서까지
취재를 해갔다고 합니다.

주 메뉴인 닭갈비는 매운맛, 안 매운맛이 있
으며 신세대들의 취향에 맞춘 모짜렐라 치
즈를 얹은 치즈닭갈비, 불닭 등의 메뉴도 준

비되어 있습니다. 차별화된 닭갈비집을 만들기 위해 밤에는 특별 이벤트가 준비되어 있고, 연인들
을 위한 이벤트, 생일 축하 파티도 해준다고 하니 돈 없는 젊은 연인들이 이용하기에는 안성맞춤
이라고 여겨집니다. 참고로 〈춘천집 닭갈비〉를 좋아하고, 맛있게 먹는 사람들을 위한 다음까페도
개설되어 있다고 하니 찾아가 보세요.

임금님이 드시던 경기도 대표음식 뜨끈뜨끈
설렁탕

눈이 내리는 날이나 비가 와서 몸이 떨리는 날, 새벽 일찍 추위를 면하고 싶다는 생각을 할 때면 이 음식이 제일 먼저 떠오릅니다. 바로 설렁탕입니다. 조선 태조 때부터 동대문 밖 전농동(典農洞:현 동대문구 祭基洞) 선농단에 적전(籍田)을 마련하고 경칩(驚蟄) 뒤의 첫 번째 해일(亥日)에 제(祭)를 지낸 뒤 왕이 친히 쟁기를 잡고 밭을 갈아 보임으로써 농사의 소중함을 만백성에게 알리는 의식을 행했는데, 여기서 행사가 끝난 다음에 모인 많은 사람들을 대접하기 위해서 쇠뼈를 곤

국물에 밥을 말아낸 것이 지금의 설렁탕이라는 건 아시죠? 그런데 항상 사람들이 묻는 것이 설렁탕과 곰탕의 차이가 뭐냐는 것입니다. 그 차이는 바로 재료입니다. 곰탕은 쇠꼬리와 양, 그리고 힘줄 등을 은근한 불에 오랫동안 고아서 만든 진한 탕이라 곰탕이고, 설렁탕은 커다란 가마솥에 고기 대신 뼈를 많이 넣고

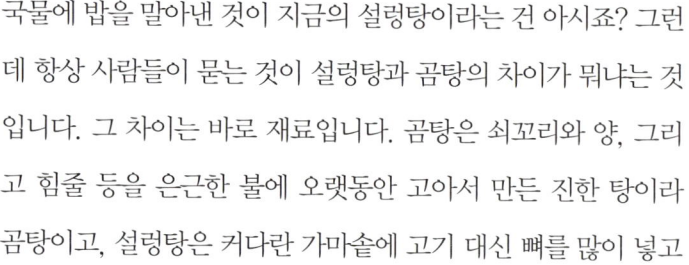

상호 : 영동 설렁탕

위치 : 신사역 사거리 잠원동 방향 우측 골목(GS 주유소 들어가서 꺾어진 골목 50m 안)

전화 : 02-543-4716

기타 : 주차장이 따로 있기 때문에 주차걱정 없음.

푹 삶아 색이 뽀얗게 될 때까지 끓여서 먹는 탕입니다. 가장 큰 차이점은 설렁탕은 뼈를 넣고 고지만, 곰탕에는 뼈를 넣지 않는다는 점입니다. 그래서 곰탕 국물 맛은 진하고 무거운 반면, 설렁탕 국물 맛은 담백하고 가볍습니다.

이름난 설렁탕 집이 많기도 하지만 특히나 제가 좋아하는 곳은 영동 사거리에 있는 〈영동 설렁탕〉입니다. 시간이 나면 한번 가보시길 바랍니다. 이곳은 예전에 기사식당으로 더 유명했던 곳이랍니다. 불이 꺼지지 않는 인기를 자랑이라도 하듯 밤이 깊도록 손님의 발길이 끊이지 않았습니다. 입구에 들어서면 그 순박하고도 진한 설렁탕의 고소한 냄새가 코를 자극합니다. 설렁탕을 주문하면 깊고 커다란 뚝배기에 넉넉히 넣은 소면과 양지편육에 뜨거운 설렁탕 국물을 남실거리게 담아다

줍니다. 이 집 설렁탕 국물 맛은 고소하고 담백한 뼈국물보다 고기국물 맛이 더 진한 편입니다. 보통 설렁탕보다 맑은 색이지만 맛은 진하고 요즘 흔한 설렁탕보다 다소 기름진 스타일이라서 한 그릇 먹고나면 정말 속이 든든하다는 말이 절로 나옵니다. 양도 많이 주기 때문에 부족하다는 말이 나올 수가 없습니다. 테이블마다 큼직한 무김치와 배추김치, 썰어 놓은 파와 주전자에 담긴 깍두기 국물이 올려져 있습니다. 취향대로 담아서 먹으면 됩니다.

솔직히 어떤 사람들은 내부 인테리어가 촌스럽다고, 또 어떤 사람은 약간 소란스럽다고 싫어할지도 모릅니다. 또 어쩌면 이 집의 설렁탕 국물이 약간 기름기가 겉에 돌고 누린내가 나는 듯한 것 때문에 싫어하는 분도 있습니다만 그게 바로 이 집만의 특징입니다. 국물의 그 오묘함과 든든함은 어떤 설렁탕집도 따라갈 수 없다고 자부합니다.

이 집에서 내놓은 김치도 약간 곰삭은 듯한 맛이 나고, 역시 곰삭은 배추김치도 기름기를 잡아주면서 입안에 침이 고이도록 하는 역할을 훌륭히 하고 있습니다.

경상도 사나이처럼 투박하고 매운
아귀찜

계절에 관계없이 입안에 침이 고이게 하면서 문득 정말 미치도록 먹고 싶은 음식 중의 하나인 아귀찜. 경상도 음식 하면 마산의 아귀찜을 빼놓고는 이야기하기 힘듭니다. 매콤하면서도 쫄깃한 아귀찜의 그 맛이라니! 원래 아구는 생긴 것이 험상궂고 쓸모없는 물고기라 여겨서 예전에는 마산 부둣가에 그대로 버렸는데, 돈 없는 어부들이 선술집에 이걸 들고가서 술안주로 만들어 달라고 해서 양념과 콩나물을 넣고 요리를 만들어 준 것에서 유래했다고 합니다. 못생겨도 맛은 좋다는 말을 몸으로 보여준 것이죠.
이런 아귀찜을 온몸으로 느끼도록 맛나게 요리한다는 집을 수소문한 끝에 옥매를 만날 수 있었습니다. SBS 맛대맛, 잘 먹고 잘 사는 법, 모닝와이드에서도 촬영해 마포구

상호 : 옥매

위치 : 지하철 2호선 홍대입구역에서 청기와 주유소를 끼고 우회전. 경성고 사거리를 지나 '리치먼드 제과점'이 나온다. 50m 직진하면 왼쪽으로 간판이 보인다.

전화 : 02-3142-4748

기타 : www.okmae.co.kr

맛집으로 선정될 만큼 맛과 영양으로 유명한 곳입니다. 하지만 기존 아귀찜 집과는 달리 일식집 분위기의 차분히 가라앉은 느낌과 야채 샐러드, 생선초밥, 소라 등 깔끔하고 맛깔스러운 음식이 나온다는 사실!

1, 2층으로 이루어진 옥매는 1층에는 아귀 칼국수와 주꾸미 철판만 먹을 수 있고, 아귀찜이나 아귀탕을 맛보려면 같은 건물 2층으로 가야 합니다. 깔끔한 인테리어와 2층으로 올라가는 계단에 붙어 있는 방송 광고들이 옥매의 인기를 실감하게 해줍니다.

아귀찜을 시키면 일식집에서나 볼 수 있는 스키다시와 초밥이 나옵니다. 붉은색의 양배추 초무침은 웰빙을 생각하게 하고, 따끈한 미역국은 아귀찜을 먹기 전 속을 진정시켜 주는 역할을 한다고

합니다. 일단 한 번 가면 미역국 2번 리필은 필수라고 해도 좋습니다. 뒤이어 나오는 아귀찜은 통통한 콩나물과 어우러져 쫄깃하게 씹히는 맛이 일품입니다.

다 먹고 나면 볶음밥을 먹는데, 스파게티 전문점에서나 볼 수 있는 그릇에 맛있게 비벼 만들어주니 빼먹지 말고 꼭 챙겨 먹도록 합니다. 다 먹고 난 후에는 입가심으로 아이스크림을 먹어주는 센스 정도는 기본입니다. 점심에 갔음에도 불구하고 단체손님과 가족단위의 손님들로 자리 잡기가 어려울 정도였으니 만약에 식구들과 외식을 하려면 미리 예약을 하는 게 좋을 듯합니다.

일반적으로 녹말이나 찹쌀가루만을 사용해 걸쭉하게 농도를 맞추는 것과는 달리 이 집에선 단호박가루와 콩가루를 첨가하는 것이 특징. 또 흔히 다시마 국물을 사용하는 것과는 달리 쇠고기, 홍합, 고추씨로 육수를 내는 것도 독특합니다. 한가지 더 아귀를 버무릴 때는 끓이면서 버무리는 것이 아니라, 면장갑 위에 비닐장갑을 끼고 손으로 재빨리 버무려야 탱탱한 맛을 유지한답니다.

전라도 그 곰삭은 인정의 손길이 톡 쏘는
홍어삼합

예전에 저희 시아버지께서는 홍어는 상해도 먹는 음식이고, 먹어도 탈이 없고 삭힐수록 맛난 음식은 이것뿐이라고 하셨습니다. TV에서도 가끔 전통 맛집들이 나오면 꼭 등장하는 장면이 홍어를 먹기 좋게 토막토막 잘라서 장독 항아리에 밀봉해두는 장면이었습니다. 예전에는 홍어를 삼베 더미에 싸서 두엄이나 지푸라기 속에 넣어 삭히기도 했다는데 믿기 힘들지만 그렇게 해도 썩지 않는다고 합니다.

이유인 즉은 홍어는 밀봉되어 삭는 과정에서, 삼투압을 조절하기 위해 몸 안에 지니고 있던 요소가 분해되어 소화효소인 펩타이드와 아미노산이 만들어지고 이것 때문에 홍어를 삭히게 되면 톡 쏘는 냄새가 나는데 이것은 고기가 부패하여 나는 냄새가 아니라, 오히려 부패를 일으키는 세균이 부패해서 나는 냄새이기 때문이랍니다. 즉,

상호 : 목포집

위치 : 종로구 청진동 해장국 골목 내. 1호선 종각역 하차, 1번 출구 이용해서 LG 25시 우측 한일관 골목으로 들어서면 제일은행 본점 건물 옆구리를 따라 들어간다. 팔당 집이 나오면 바로 좌측 골목으로 돌면 목포집이 보인다.

전화 : 02-737-9322

기타 : 삼합(35,000원, 3인 기준), 홍어회(20,000원. 2인 기준), 김치찌개는 서비스 안국동(종로 경찰서 맞은편 골목)에 있는 목포집과는 이름만 같은 곳이고 전혀 다른 곳임. 예약 필수. 7시 이후에 가면 30~40분은 기다려야 하기 때문.

육질의 변화에는 아무런 관계가 없기 때문에 안심하고 섭취해도 좋다는 말입니다. 또한, 홍어가 가지고 있는 암모니아는 부패세균의 발육을 억제하므로 식중독 발생이 절대 없다는 것도 특징이랍니다. 홍어 먹고 탈난 사람은 곧 죽을 사람뿐이라는 우스갯소리도 있답니다. 잘 삭힌 홍어는 그야말로 잘 익은 묵은 김치처럼 오래 보관할수록 살이 단단해지고 싸한 맛이 더욱 깊어집니다.

그런 홍어 하면 동시에 떠오르는 음식은 역시, 삼합입니다. 삼합은 삶은 돼지고기에다 홍어를 얹고 묵은 김치에 싸서 한입 가득 씹는 맛이 기가 막혀 미식가들 사이에선 단연 최고로 쳐주는 음식

입니다. 그래서 삼합을 잘하는 집이 어딘가 찾아보고 입맛을 다시면서 출발했습니다. 도착한 곳은 종로구 청진동의 목포집. 곰삭은 홍어에 적당한 크기로 썬 돼지수육, 그리고 묵은 김치의 맛이 일품입니다. 여느 홍탁 집과는 달리 이 집에서는 서울(장수)막걸리가 통으로 나오는데 이걸 2통 정도 주전자에 부어 마시면 기분이 끝내줍니다. 서비스로 나오는 돼지고기가 큼직하게 들어간 김치찌개도 아주 맛나답니다.

참고로 집에서 홍어를 삭히려면 수산시장에서 이미 해동된 싱싱한 홍어를 산 다음에 집으로 가져와서 껍질을 벗기지 말고 행주로 물기를 닦아냅니다. 이때 절대로 물이 닿으면 안 됩니다. 물이 닿거나 물에 씻으면 진짜로 썩습니다. 그리고 칼로 가운데를 잘 갈라서 내장을 제거하고 코와 꼬리는 잘라내고, 양쪽 날개는 분리해서 플라스틱 통 같은 곳에 두꺼운 마분지를 깔고 손질한 홍어를 차곡차곡 놓고 상온에 일주일 정도 두면 됩니다. 이렇게 삭은 것은 꺼내서 껍질을 행주로 잡아 당겨서 벗긴 다음에 적당한 크기로 썰어 먹으면 됩니다.

제주도 그 깊고도 푸른 물속의 신선한 맛
갈치국

흔히 제주도 음식은 음식이 아니라는 말을 하는 사람도 있습니다. 하지만, 그렇게 말하는 사람은 요리를 잘 모른다는 생각을 해봅니다. 제가 생각할 때 제주도 음식은 다만 기교가 없고 겸허할 뿐입니다. 굳이 기교를 자랑할 필요도 없고 다만 음식 재료 자체의 맛과 특성만을 그대로 올곧게 살려낼 뿐입니다.

요즘에는 그런 음식 재료의 맛을 살린 제주도 음식 전문점이 많이 생겼습니다. 나오는 메뉴들도 고만고만한데 아마도 재료들을 당일 항공편으로 조달하기 때문이지 싶습니다. 강남이 동남아시아에 온 느낌의 이국적 이질감으로 제주를 표현하는 것에 비해 강북의 제주 음식점은 제주를 그대로 표현하

상호 : 한라의 집
위치 : 종로구 당주동 20-2. 5호선 광화문역 세종문화회관 건너편 삼전초밥 옆 골목.
전화 : 02-737-7484
기타 : 여름철엔 자리물회, 겨울철엔 갈치국을 권장.

는 느낌을 받습니다. 그래서 광화문에 있는 한라의 집을 찾았습니다.

제주도에서는 타지 사람들을 육지 사람이라고 말한다고 합니다. 이 육지 사람이 처음 갈치국을 보면 음식으로 가능한 것일까 하는 것으로 놀라고, 두 번째로는 그 음식의 맛에 놀란다고 합니다. 생선으로 국을 끓인다는 것, 그것도 갈치처럼 비린 생선으로 국을 끓여 먹는다는 것은 육지 사람으로서는 상상도 할 수 없는 일이기 때문입니다. 하지만, 주문한 갈치국 속에는 아직도 은빛이다 못해 푸른 바다 깊은 색깔을 그대로 간직한 두툼한 갈치 서너 토막이 담겨 있었고, 그 옆에는 어린 배추와 늙은 호박이 보란 듯이 들어 있었습니다. 매콤한 풋고추를 송송 썰어 넣고 마늘도 듬뿍 다져 넣은 탓인지 국물이 매콤하면서도 칼칼하고 시원했습니다. 비릿하다는 말을 상상했던 것이 그

야말로 갈치에게 미안할 뿐이었습니다. 싱싱하고도 큼직한 살을 발라서 먹으면 입안에 착 하고 감기는 맛이 쇠고기 저리 가라였습니다. 이 갈치국을 제주도에서는 갈치호박국이라 부른다고 합니다. 갈치호박국은 낚시로 잡아올린 싱싱한 갈치를 토막토막 썰어 펄펄 끓는 물에 넣은 후 늙은 호박과 풋고추, 배추 등을 넣고 여기에 마늘을 약간 넣어 소금 간을 하고 나서 먹는데, 고운 고춧가루를 뿌려 약간 매운 듯하게 먹어야 제 맛을 느낄 수 있다고 합니다. 갈치는 9월~10월에 많이 잡히는데, 겨울이면 최고에 이른다고 하니 겨울에는 빼먹지 말고 한번 맛보러 가보시길 바랍니다.

만일 여름이라면 자리물회를 추천합니다. 자리는 제주의 맛을 대표하는 바닷고기로 제주도의 여름 식단에 반드시 오르는 명물 중의 하나이기 때문입니다. 자리는 자리돔이라 불리는 붕어만 한 크기의 돔 종류로 칼슘이 풍부한 바닷고기입니다. 5월부터 8월까지 제주도 근해에서 그물로 건져 올려지는데, 자리회는 지방, 단백질, 칼슘이 많은 영양식으로 물회, 강회, 자리젓, 소금구이 조림 등 다양하게 요리해 먹는다고 합니다. 이 자리물회는 비린내가 없고 시원하며 구수한 맛을 내는 특징 때문에 여름철 제주 사람들에게 가장 인기가 높습니다.

그 밖에도 갈치회, 고등어회를 가끔 생각하고 찾는 분들은 이 집을 들러보면 좋을 성싶었습니다.

올갱이국

충청도 음식은 사치스럽지 않고 양념도 많이 쓰지 않습니다. 국물을 내는 데는 고기보다는 닭 또는 굴, 조개 같은 것을 많이 쓰고 된장 푼 것을 양념으로 즐기는 것도 음식 만들기의 특징입니다. 그래서 경상도 음식처럼 매운맛도 없고, 전라도 음식처럼 감칠맛도 없지만 그야말로 담백하고 구수하고 소박하다고 하는 것이 정확한 표현일 성싶습니다. 여기에 충청도 사람들의 인심을 반영하듯 음식의 양도 많습니다. 사람들에게는 충청도 하면 가장 먼저 떠오르는 음식으로

올갱이를 말할 겁니다. 금강 같은 강물 속에 곱게 숨 쉬는 올갱이를 잡아서 끓인 해장국의 대명사 말입니다. 경상도에서는 '고디', 충청도에서는 '올갱이'라 불리는 다슬기는 1급수가 흐르는 시내나 하천에서 살아가는 달팽이류의 연체동물입니다. 야행성이어서 낮에는 자갈이나 바위 밑에 숨어 있다가 밤이 되어야 바위 위로 올라오는데 이때 여름 밤에 잡는 사람들이 많습니다.

충청도 청산면의 보청천과 동이면의 금강 나루터와 금강휴게소 주변, 충주의 남한강과 괴산의 괴강 등에서 다슬기가 많이 잡히는데 강물이 천천히 흐르기 때문이라고 합니다. 그래서 이 지역들에 올갱이 전문점이 국도변을 따라서 많습니다. 약간 씁쓰레하면서도 쫄깃하게 씹히는 달짝지근한 맛이 좋은 다슬기는 〈동의보감〉에 의하면 "성질이 차고, 맛이 달며, 독이 없다."라고 되어 있습니다. 그리고 사람들에게는 시력을 보호하고, 피를 맑게 해주는 것은 물론 간 기능 회복과 숙취해소에 특효라고 알려져 있습니다. 특히 올갱이국은 술을 자주 마시는 사람들한테 보약과 같은 음식이지요.

청진동 해장국 골목의 선두주자로 자리매김한 올갱이국 집을 찾으니 간판보다도 더 선명한 올갱

상호 : **충청도 올갱이촌**

위치 : 서울 종로구 청진동 90번지

전화 : 02-738-4646

기타 : 24시간 영업

이들이 이미 밖에 놓인 수족관 안에서 어서 오라고 인사를 합니다. 해장국집답지 않게(?) 깔끔한 실내에서는 24시간 영업을 입증이라도 하듯 손님들로 가득합니다. 잠시 뒤 청양고추가 따로 송송 썰어진 그릇도 나오고, 메인 메뉴인 올갱이국이 나옵니다.

하얀 접시에 깔끔하게 담긴 김치와 콩나물무침, 고구마줄기무침, 도라지무침과 김도 놓이고, 해장국의 1~2가지 반찬보다 더 맛깔나게 차려집니다. 올갱이국은 녹색 국물이라는 것을 빼면 시래기 된장국하고 별반 달라 보이지 않습니다. 하지만, 분명히 '나는 올갱이국이요!' 하고 선언이라도 하듯 국 그릇 맨 위에는 깐 올갱이들이 듬뿍 올라와 있습니다. 첫눈에 보기에도 정성을 다한 것처럼 보입니다. 언뜻 보기에는 그저 아욱과 된장을 넣고 팔팔 끓여낸 시래깃국 같지만, 맛을 보니 쌉싸래하면서도 뭔가 끌어당기는 그 맛에 어느새 한 그릇 뚝딱~.

맛있는 올갱이국을 집에서 끓이고 싶어 하는 사람들을 위한 이 집 주인장의 비법 하나.

올갱이를 사다가 2~3일 동안 깨끗한 물에 담가 잔모래를 뺀 뒤 30분 정도 삶고, 올갱이를 뺀 후 밀가루를 살짝 묻혀서 부추와 마늘을 함께 넣고 한소끔 끓이면 비린내가 덜 난다고 합니다.

함흥냉면

본래는 겨울 음식이라지만 냉면은 그래도 무더운 여름에 더 많이 찾는 음식이 되었습니다. 함경도에 가보지는 못했지만, 평양냉면이나 함흥냉면을 먹으면 마치 만주벌판이나 두만강이 가슴속 깊은 곳까지 들어오는 느낌을 가지는 것은 저만의 착각일까요. 그 추운 삭풍을 이겨내는 탓인지 함경도 음식은 맛 자체가 강하고 거칩니다.

평양냉면은 메밀을 원료로 해서 반죽한 것을 큰 솥 위에 설치한 국수 틀에 넣고 눌러 곧장 끓는 물에 떨어지게 하여 삶은 후 찬물

상호 : 흥남집

위치 : 지하철 2호선 을지로4가 8번 출구. 퇴계로 쪽 중구청
       사거리에서 좌회전해 100m 도보

전화 : 02-2266-0735

기타 : 11:00~22:00까지 영업. 2, 4주 수요일 휴무.
       예약 불가. 공영 주차장 30분 무료주차.

에 헹구어 사리를 지어서 채반에 나란히 놓고 쇠고기를 삶은 육수나 꿩을 삶은 육수를 차게 식혀서 기름을 걷어내고 간을 맞추어 쓰거나 동치미 국물과 혼합해서 먹습니다. 반면, 함흥냉면은 흔히 비빔냉면, 혹은 회냉면이라고 알고 있는 것입니다. 삶은 국수를 국물에 말지 않고 홍어회를 맵게 무쳐서 얹은 냉면으로, 먹을 때 마음대로 비벼서 먹게 되어 있습니다. 국수는 감자나 고구마의 녹말을 반죽하여 국수 틀에 넣고 눌러, 끓는 물 속으로 국수를 뽑아 넣어 익으면 바로 찬물에 건져서 사리를 지어 큰 대접에 담고는 그 위에 홍어를 잘게 썰어 고춧가루에 갖은 양념을 섞은 것을 넣고 맵게 무쳐서 얹고 오이, 무 등을 채 썰어 옆에 얹습니다. 메밀을 사용하여 뚝뚝 끊기는 평양냉면의 면발과 달리 고구마 전분으로 만들어 이빨로 쉽게 끊어지지 않는 면발, 매콤새콤한 맛을 내는 생선회, 뜨겁게 데워서 주전자에 담아 내오는 육수까지 입맛을 사로잡습니다.

소문을 듣고 찾아간 곳은 바로 함흥냉면의 대명사인 오장동 거리. 이 거리의 맞수는 흥남집과 오장동 함흥냉면입니다. 오늘은 그중에서도 거칠고 투박하여 '남성적'이라는 평을 얻고 있다는 흥남

집을 찾았습니다. 1953년 오장동에 음식점을 시작해 3대째 한자리를 지키고 있다는 이 집은 워낙 유명해 알음알음 찾아오는 사람들도 있지만, 어머니의 손을 잡고 오던 꼬마가 어른이 되어 아이를 데리고 찾아올 만큼 오랜 단골이 많은 곳이랍니다. 한우 사골만을 푹 고아 만든 진한 육수에는 깊은 맛이 우러나고, 가늘고 질긴 함흥냉면 특유의 면발에 투박하게 썰어진 새콤한 홍어회의 톡 쏘는 맛도 일품입니다. 양념이 생각보다 맵고 짜기 때문에 일단 먹고 난 다음에 양념을 첨가하도록 하는 것이 좋습니다.

1층은 테이블로 이루어져 있으며 연일 바글바글할 정도로 많은 사람이 들락거리지만, 2층과 3층은 1층에 비해 한가한 편입니다. 주로 오랜 단골들은 이 위층을 이용한다고 합니다. 동그랗게 뭉쳐진 면발, 빨간 양념장, 홍어회 몇 점, 채 썬 오이, 반쪽 달걀의 단순하고도 오묘한 조화가 계속 사람들의 마음과 입을 끄는 것 같습니다. 어디서나 볼 수 있는 모양의 함흥냉면이지만 그 깊은 맛을 흉내 내기는 힘들 성싶습니다. 참고로 함경도 사람들은 이 질긴 면발을 끊어서 먹는 타입이 아니라고 합니다. 그냥 한쪽 가닥은 뱃속으로 들어가 있고, 다른 한쪽은 입에서 오물거리면서 묘한 느낌을 느끼는 것도 함흥냉면만의 특징이라고 하니 가위로 자르지 말고 그냥 드셔 보시길 바랍니다.

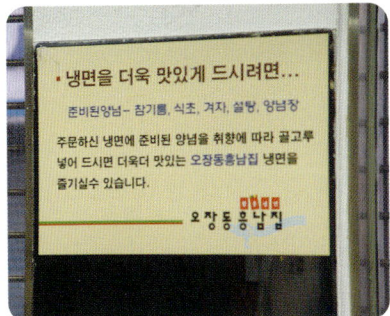

이북의 전라도인 황해도가 선사하는 맛의 결정

온반과 왕만두

남한 음식의 별미를 전라도에서 찾을 수 있다면 황해도는 북한의 맛을 대표하는 고장이라고 할 수 있습니다. 연평도 등 풍부한 어장을 갖춘 덕에 신선한 음식 재료를 얻을 수 있기 때문입니다. 양이 푸짐하고 맛에 기교를 부리지 않아 더욱 정감이 간다는 평을 얻고 있는 황해도 음식. 하지만, 이제는 대한민국에서 그 맛을 찾기가 힘듭니다. 그래서인지 이젠 낡은 책 속에서 가끔 발견하는 큼직하게 빚은 황해도식 만두를 보면 반가운 마음에 입보다 가슴이 더 찡해옵니다.

황해도를 대표하는 음식은 여름철은 온반, 겨울철은 냉면 정도가 알려져 있습니다. 그런데 이 온반이라는 것도 최근에야 젊은 사람들에게 알려지게 되었습니다. 온반은 따뜻한 국밥이라는 뜻으로 재료는 어느 것이든 사용할 수 있지만, 닭고기가 들어가면 삼계탕과 같은 여름 보양식이 된다고 합니다.

상호 : 풍년명절

위치 : 서울시 은평구 응암3동 126-37. 지하철 6호선 새절역 1번 출구로 나와 직진, 불광천으로 내려와 샛길을 직진해 올라가면 징검다리가 있다. 이 다리를 건너면 정면에 흥보뼈다귀 식당이 보인다. 그 길을 들어서자마자 왼편 1층에 '풍년명절' 간판이 보인다.

전화 : 02-306-8007

기타 : 오전 11시 30분 ~ 밤 10시까지 영업. 메뉴로는 평양온반 7천 원, 해주비빔밥 1만 원, 김치해물밥, 찹쌀생굴밥 1만 2천 원(10월 이후 가능), 황해도 토속정식 1만 원, 풍년정식 1만 5천 원, 명절정식 2만 원, 특정식 3만 원.

이번에 찾아간 응암동의 풍년 명절은 황해도 음식 연구가가 운영하는 전통 이북 음식점입니다. 추향초 사장님은 고향이 황해도인지라 어린 시절부터 집에서 먹던 음식에 기본을 두고 소박하지만 푸짐한 황해도 음식을 만들고 있습니다. 국내에 몇 안 되는 북한 음식 전문가로 활동하면서, 점차 사라져 가는 전통 요리를 발굴하고 개발하고 있다고 합니다.

제가 찾아가서 먹은 음식은 두 가지. 온반과 왕만두입니다. 닭고기 평양온반은 대표적인 황해도 음식 중 하나인데 삼계탕처럼 주로 여름에 먹습니다. 토종닭을 삶아 발라낸 살코기에 밥과 녹두 지짐, 버섯을 얹은 다음 닭 삶은 국물을 따로 주는 따로 국밥입니다. 일종의 국밥 형태인 온반은 입맛에 따라 양념간장을 넣어 간을 맞추면 되는데 양념장이라는 것이 참으로 기묘하고도 맛이 있어서 사실 맨밥에 양념장만 비벼 먹어도 될 정도입니다.

최근에는 아마 씨를 응용한 만두와 전을 개발해 좋은 반응을 얻고 있다고 합니다. 아마 씨의 리그난 성분이 항암 효과를 가진 자연 치료제로 주목을 받고 있다고 하니, 건강까지 챙기는 이북 음식으로 거듭나고 있습니다.

강원도음식

강원도 음식은 쌀떡보다는 잡곡으로 만든 떡이 많고 비교적 맛과 모양이 소박하답니다.
영동해안지방은 싱싱한 해산물의 종류가 풍부하여 어패류를 이용한 음식이 많고,
영서지방은 깊은 산이 많아 주식으로 감자, 옥수수, 밀, 보리 등의 밭작물을 이용한 음식이 많습니다.

PART 1

허기진 날 더욱 맛있게
감자범벅

감자범벅은 어렵던 시절엔 밥 대신 만들어 먹곤 했다지요. 지금이야 밥이 흔해서 오히려 감자범벅이 별식이 되었지만 요. 배고플 때 먹던 감자범벅은 얼마나 맛있었을까요. 그 시절을 생각하면서 한번 만들어 보았습니다. 강원도의 힘, 감자 입니다.

요리재료

재료 | 감자(10개), 밤(10개), 강낭콩(30개), 건포 도(1봉지), 밀가루(2컵), 소금, 설탕, 물 약간씩

밀가루가 고슬고슬해지도록 조금씩 물을 부어가면서 되기를 맞춰주세요.

밀가루를 뿌리기 전 물의 양이 많다 싶으면 냄비에 깔릴 정도의 물만 남기고 살짝 따라 내주세요.

1 재료 삶기

껍질 벗긴 감자와 밤, 강낭콩을 냄비에 넣고 감자가 잠길 정도로 물을 부어 10분 정도 삶아주세요.

2 밀가루 섞기

삶는 동안 밀가루에 약간의 물을 부어 손으로 고슬고슬하게 섞어주세요.

3 뜸 들이기

익은 감자 위에 고슬한 밀가루를 살살 뿌려준 뒤 5분 정도 뜸을 들입니다.

Special tip

팥, 옥수수, 고구마 등 기호대로 추가해서 만들어 보세요.

감자수프

아침식사대용으로 감자수프를 만들어 보세요.

1 감자와 양파는 껍질을 벗겨 깍뚝썰기를 합니다.

2 뜨겁게 달군 냄비에 올리브유를 두르고 준비한 감자와 양파를 재빨리 볶아주세요.

3 어느 정도 볶았으면 재료가 잠길 만큼 물을 부어 끓이세요.

4 감자가 익으면 3을 믹서에 넣어 간 뒤 다시 끓입니다.

5 끓기 시작하면 우유를 붓고 약한 불에서 살짝 끓입니다.

6 소금으로 간을 합니다.

4 담아내기

다 익으면 주걱으로 먹기 좋게 잘 섞어서 건포도를 넣어 그릇에 담아냅니다.

뒤섞기 전에 소금이나 설탕, 꿀 등으로 식성에 따라 간해 드세요.

비 오는날 생각나는
감자수제비

담백한 국물에 쫄깃한 감자수제비는 원래 감자옹심이라 하여 반죽을 둥글게 떼어 넣고 끓였다는데, 손도 많이 가고 익는 시간도 오래 걸려 반죽을 얇게 떠서 넣은 것이 지금의 감자수제비가 되었답니다. 옹심이건 감자수제비건 비오는 날이면 왠지 먹고 싶어진답니다.

요리재료

재료 | 갈은 감자(1컵), 감자(1개), 밀가루(2컵), 호박(1/2개), 붉은 고추(1개), 대파(1뿌리), 국간장(1), 다진 마늘(1), 소금 약간

육수 | 물(6컵), 다시마(3장), 국멸치(10마리)

감자의 색깔이 빨리 변하기 때문에
반죽할때 소금을 살짝 넣어주면 좋아요. 밀가루
반죽에 시금치즙이나 당근즙을 넣어 다양한 색과
영양을 즐겨보세요. 식용유를 조금 넣으면
잘 붙지 않는 답니다.

반죽을 냉장고에서 숙성시키면
쫄깃한 수제비를 맛볼 수 있습니다.

물이 끓어오르기 시작할때
다시마를 먼저 건져내고 10분 정도 마저 끓인 뒤
베보자기에 걸러 준비해주세요.

1 반죽하기

갈은 감자에 밀가루와 소금을 잘 섞어 차지게 반죽을 합니다.

2 숙성시키기

반죽한 덩어리를 랩으로 잘 밀봉해서 냉장고에 1시간 정도 숙성시켜 준비해두세요.

3 육수 만들기

내장을 뺀 국멸치와 마른 행주로 하얀 가루를 닦은 다시마를 찬물에 넣고 끓여 육수를 만듭니다.

4 야채썰어 준비하기

감자, 호박, 대파, 붉은 고추는 채 썰어 준비합니다.

5 반죽 떼어 넣기

준비한 육수에 감자를 먼저 넣고 반죽을 얇게 떼어 넣으세요.

반죽을 물에 약간씩
적셔가며 얇게 떼어 넣으세요.

6 간 맞추기

다진 마늘과 나머지 야채를 마저 넣고 국간장과 소금으로 간을 맞추면 완성이에요.

얼큰하게 먹으려면
청양고추, 후추 등을 추가해서 드세요.

춘천의 명물

춘천닭갈비

춘천하면 빼놓을 수 없는 음식이 바로 이 닭갈비죠. 연애시절 춘천으로 놀러가서 먹은 적이 있었는데, 확실히 서울의 닭갈비하고는 맛이 다르더군요. 연애시절을 떠올리면서 열심히 만들어 보았어요. 참! 춘천사람들은 닭갈비보다는 닭내장을 더 좋아한답니다. 싱싱한 내장을 구할 수 있다면 같은 방법으로 만들어 보세요.

요리재료

재료 | 닭(1마리), 고구마(1개), 깻잎(5장), 양배추(1/4개), 청·홍고추(1개)씩, 양파(1개), 대파(1뿌리), 맛술(1), 식용유 약간

양념장 | 고추장, 고춧가루, 다진 마늘, 진간장, 설탕, 통깨(1)씩, 생강가루, 후추 약간씩

닭은 미리 살 쪽을 칼로 자근자근 두들겨 준비해 주세요.
닭은 핏물을 빼야 누린내가 안 나요. 두들겨준 다음 핏물을 빼세요.
핏물을 빼고나면 고기가 흐물흐물해집니다.

1 맛술에 닭재우기

닭은 깨끗이 씻어 1시간 정도 물에 담가 핏물을 뺀 후 맛술을 넣고 1시간 정도 재워둡니다.

2 재료 썰기

양배추와 깻잎, 고구마, 양파는 큼직하게 썰고 고추, 대파는 어슷썰기합니다.

3 양념장 준비하기

분량의 양념을 잘 섞어 양념장을 만듭니다.

닭고기는 피부의 노화방지와 피부미용에 좋은 성분인 리놀레산의 함량이 매우 높아 혈액 내 유해한 콜레스테롤(LDL) 함량을 낮추어 각종 성인병을 예방해줍니다. 닭 날개에는 콜라겐이라는 성분이 많아 골다공증 예방에 아주 좋아요. 피부의 건강유지와 노화방지 등 건강유지에 꼭 필요한 필수 지방산은 체내에서 만들어지지 않아 식품으로 공급해주어야 하는데 닭고기는 다양하고 우수한 필수 지방산을 많이 함유하고 있어 좋습니다. 닭고기를 살 때에는 살은 분홍색을 띄어야 하고 크림색인 껍질의 닭이 신선합니다. 구입 즉시 조리하는 것이 좋은데 요리 후 남을 경우 반드시 물기를 제거하여 냉동보관하세요.

4 양념장에 재우기

준비한 닭을 양념장에 잘 버무려 양념이 배어 들도록 1시간 정도 재워두세요.

5 볶기

팬에 식용유를 두르고 야채와 양념에 재운 닭을 넣고 양념장을 마저 넣은 후 볶아주세요.

비닐장갑을 끼고 자박자박 버무려 꼭꼭 눌러서 랩으로 밀봉한 뒤 재워둬야 수분 손실을 막을 수 있어요.

다 먹고 난 후에 송송 썬 잎은 김치와 김가루, 참기름, 밥을 넣고 볶아 먹어도 맛있어요. 상추, 깻잎을 따로 준비해서 쌈을 싸 먹으면 더욱 좋겠죠.

인삼의 효능을 능가하는

더덕구이

더덕엔 인삼에 들어 있는 것만으로도 유명한 '사포닌' 이란 성분이 들어 있어 제2의 인삼이라 불리기도 해요. 하지만 인삼이 요리재료로는 그다지 어울리지 않는 반면에 더덕은 맛이 담백하고 더덕 고유의 향이 식욕을 돋우어 주기 때문에 입맛 잃은 분들에겐 더할 나위 없는 귀한 음식입니다.

요리재료

재료 | 더덕(2줌)

양념장 | 고추장(2), 물엿(0.5), 다진 마늘(1), 참기름(0.5), 통깨(0.5)

유장 | 참기름(1), 진간장(1)

더덕은 뿌리가 희고 굵으며 곧게 뻗은 것으로 골라주세요. 더덕껍질을 벗길 때 손에 검은 게 묻고 진득거리는 진이 묻으므로 장갑을 끼고 벗기면 좋아요.

더덕을 찬물에 잠깐 담갔다가 건져야 특유의 향이 사라지지 않고 맛이 좋답니다.

1 더덕 손질하기

더덕은 껍질을 돌려가며 벗긴 후 반으로 갈라 준비합니다.

2 쓴맛 우려내기

방망이로 자근자근하게 두들겨 찬물에 담가 쓴맛을 우려낸 후 마른 행주나 키친타월을 이용하여 물기를 제거합니다.

3 애벌구이하기

준비한 유장을 한 면만 먼저 바른 후 프라이팬에 기름을 두르고 타지 않게 애벌구이 해줍니다.

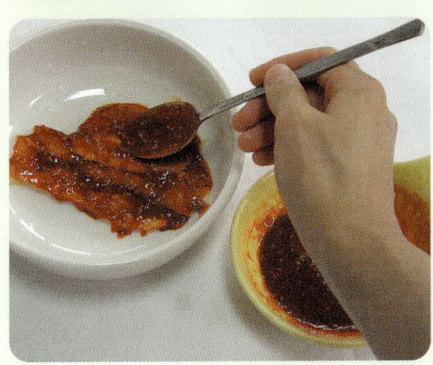

Special tip

1 더덕은 양념장에 식초를 넣고 새콤하게 무쳐 먹어도 맛나죠.
2 다 구워진 더덕은 그릇에 가지런히 담고 마지막에 통깨를 뿌려주세요.

4 석쇠에 굽기

석쇠에 호일을 두르고 애벌구이한 더덕 양면에 양념장을 발라 다시 한 번 구워주세요.

더덕을 오래 구우면 양념이 타서 씁쓸해지기 쉬우므로 약한 불에서 서서히 구워주세요.

요리 속의 요리

더덕장아찌

재료 | 더덕(200g), 고추장 넉넉하게
양념 | 파(1뿌리), 마늘(2쪽), 깨소금(0.5), 설탕(1), 참기름, 실고추 약간씩

1 껍질을 벗겨서 두들겨 편 더덕을 물에 우린 다음 키친타월로 물기를 잘 닦고 채반에 널어서 꾸덕꾸덕해질 때까지 말립니다.

2 꾸덕하게 마른 더덕을 면주머니에 싸서 고추장 안에 넣어 둡니다.

3 더덕에 장맛이 배고 빛깔이 고와지면(보름 정도 후) 꺼내서 고추장을 훑어 내고 결대로 찢어 양념에 무칩니다.

도토리 묵밥

묵밥은 비교적 최근에 알려진 음식입니다. 과거에는 기름진 육류를 선호했기 때문에 인기가 떨어졌던 것이 사실입니다. 하지만 도토리는 열량도 낮고 소화가 잘 돼 위에 부담이 적습니다. 그래서 다이어트를 하는 여성분이나 아침 시간이 빠듯한 직장인들의 아침식사 대용으로 아주 그만이라서 최근에 각광을 받고 있습니다.

요리재료

재료 | 도토리묵(1덩어리), 신김치(1/4포기), 오이(1개), 구운 김(1장), 통깨 약간, 밥(4공기)

다싯물 | 다시마(4장), 국멸치(10마리), 양파(1개), 통마늘(5쪽), 물(6컵)

김치 양념 | 설탕(0.5), 깨소금(1), 참기름(0.5)

다싯물 만들기는
냄비에 물(6컵)을 붓고 다싯물 재료를 넣은 후에
물이 끓어오르면 다시마를 먼저 건져내고
중불에서 20분 정도 마저 끓이다 베보자기에
건져 준비해주세요.

오래 보관해 묵이 살짝 굳었다면 굳은
부위를 얇게 잘라내고 가늘게 채 썰어 끓는 물에
살짝 데쳐주면 부드러워 진답니다.

김치가 너무 익었을 경우
설탕을 넣어주면 신맛이 덜합니다.

1 육수 준비하기
미리 다싯물 재료를 넣고 육수를
만들어 둡니다.

2 묵과 오이채썰기
도토리묵과 오이는 가늘게 채 썰
어 준비합니다.

3 양념하기
신김치는 잘게 썰어 김치 양념을
넣고 조물조물 무칩니다.

Special tip

1 육수는 기호에 따라 만들어 주세요.

2 밥을 말지 않고 따로 준비해서 드셔도 무
방하답니다.

3 도토리묵 대신 메밀묵을 사용해도 색다른
맛을 즐길 수 있어요.

4 칼, 도마는 포도즙으로 잘 닦아 햇볕에 말
리면 살균효과를 볼 수 있습니다.

4 담아내기
그릇에 밥을 담고 도토리묵→오
이→신김치를 차례로 얹으세요.

5 육수붓기
4에 따뜻한 육수를 부은 후 구운
김을 잘게 부숴 넣고 통깨를 살살 뿌려내
면 완성이에요.

바로 먹지 않을 땐 밥을
따로 준비해 주세요.

얼큰한 국물이 끝내주는
두부전골

두부를 일렬종대로 눕히고 갖은 재료를 넣은 후에 시원한 육수를 부어서 끓여주면 밥 한 공기가 모자라죠? 얼큰한 국물을 부드러운 두부와 함께 맛보세요.

요리재료

재료 | 대파(1뿌리), 느타리버섯(1줌), 당근(1/3개), 청·홍고추(1개)씩, 양파(1/2개), 호박(1/3개), 두부(1모), 쇠고기(1줌), 멸치다싯물(4컵)

쇠고기 양념 | 다진 마늘(0.5), 진간장(1), 다진 파(1), 참기름, 후추 약간씩

양념 | 다진 마늘(1), 고춧가루(2), 국간장(1), 소금, 후추 약간씩

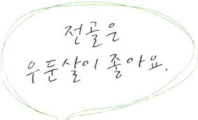
전골은
우둔살이 좋아요.

1 쇠고기 재우기
쇠고기는 준비한 양념에 미리 재워
둡니다.

2 야채 준비하기
느타리버섯은 결대로 찢고 당근
과 호박은 반달썰기하고, 양파는 채 썰기,
홍 · 청고추는 어슷썰기해주세요.

3 고기 볶기
미리 재워둔 쇠고기는 달군 팬에
타지 않게 살짝 볶아주세요.

 Special tip

1 두부가 으깨지는 것을 방지하기 위해서 키친타월로 두부의 물기를 제거하고 녹말가루를
묻혀 달군 팬에 지져내세요.

2 쇠고기를 양념하고 굽기가 번거로우면 쇠고기를 빼고 끓여도 무방합니다.

두부김치 요리 속의 요리

1 두부는 끓는 물에 살짝 데쳐서 물기를 빼줍니다.

2 익은 김치는 썰고 마늘, 파는 다져서 준비합니다.

3 팬에 들기름을 두르고 김치를 볶다가 파, 마늘을 넣고 계속 볶으면서 소금으로 간을 합니다.

4 접시 가운데에 볶은 김치를 담고 따뜻하게 데친 두부를 알맞게 썰어 접시 가장자리에 돌려 담습니다.

멸치다싯물 내기

재료 | 국멸치(10마리), 다시마(사방 10cm 1장), 청주(1), 물(6컵)

1 다시마는 젖은 행주로 흰 가루를 닦은 후 가위 집을 넣고 멸치는 머리와 내장을 떼어냅니다.

2 멸치를 기름 없이 팬에 볶아 냄비에 넣고 물을 부어 끓이다가 물이 끓기 시작하면 다시마를 넣고
약 10분 정도 끓인 뒤 다시마를 건져내고 한 번 더 끓입니다.

3 국물이 진하게 우러나면 체에 밭쳐서 맑은 국물만 받아낸 뒤 비린 맛이 남아 있으면 청주(1)를 넣
고 한소끔 더 끓입니다. 사용하고 남는 육수는 다 먹고 난 우유팩에 담아 냉동보관하고 필요할 때
마다 꺼내쓰면 좋아요.

4 끓이기
냄비에 모든 재료를 보기 좋게 담
고 멸치다싯물을 부어 양념을 넣고 끓여
주면 완성이에요.

더 얼큰하고 맵게
만들려면 청양고추를 추가하세요.

지글지글 불타는
오징어불고기

승용차를 몰고 달리거나, 버스를 타고 강원도를 가면 바닷가 작은 덕장에 널린 오징어를 만나는 운치 있는 경험을 할 수 있습니다. 강원도가 오징어로 유명한 건 다 아시죠? 오징어의 다른 이름은 수류매 또는 묵어, 약명으로는 오적골이라고 한답니다. 오징어는 짙은 갈색일수록 신선하며 탄수화물과 지방함량이 낮아 다이어트 안주로 그만이랍니다.

요리재료

재료 | 오징어(2마리), 양파(2개), 미나리(1/2단), 쪽파(5뿌리), 청·홍고추(3개)씩, 무(1/6개)

양념 | 고추장(2), 고춧가루(1), 설탕(1), 진간장(2), 다진 마늘(1), 맛술(1), 참기름(0.5), 통깨, 후추, 생강가루 약간씩

오징어 손질을 살 때 내장을
깨끗이 발라 달라고 주문하면 편해요. 오징어에
칼집을 넣으면 양념도 잘 배고 보기도 좋답니다.

더 맵게 즐길 분들은
청양고추를 1~2개 넣어도 좋아요.

1 오징어 썰기
오징어는 마름모꼴로 칼집을 내
서 먹기 좋게 썰어주세요.

2 야채 준비하기
무와 양파는 가늘게 채 썰고, 미나
리와 쪽파는 5cm 길이로 썰고, 홍·청고
추는 어슷썰기합니다.

3 양념에 버무리기
칼집을 낸 오징어에 양념장을 섞
어 양념이 배도록 30분 정도 버무려 둡
니다.

1 오징어는 굵은 소금으로 박박 문질러 씻어 준비해주세요.

2 상추나 깻잎을 준비해 쌈을 싸먹어도 좋아요.

3 조개는 해감을 잘해야 끓였을 때 비린내가 나지 않아요. 연한 소금물에 담가 해감시킨 뒤 박박 문
   질러 씻어야 해요. 끓일 때 마늘, 생강, 대파 같은 것을 넣거나 청주(1)를 넣으면 비릿한 냄새가 없
   어집니다.

4 익히기
달궈진 냄비에 2를 올리고 식용
유를 둘러 잘 섞어준 다음 양념에 재운 오
징어를 올려줍니다. 뚜껑을 닫고 살짝 익
히다가 뚜껑을 열고 뒤적여 가며 중불에
서 익혀 마무리합니다.

너무 오래 익히면
오징어가 질겨질 수 있으니
야들야들하게 익혀 주세요.

오삼불고기

재료 | 오징어(1마리), 삼겹살(400g), 청·홍고추(2개)씩, 양파(1개), 올리브유 약간

양념 | 고추장(4), 고춧가루(3), 간장(3), 설탕(4), 다진 파(1), 다진 마늘(0.3), 다진 생강, 참기름, 후
추 약간씩

1 오징어는 내장을 제거하고 껍질을 벗겨서 먹기 좋게 썰고 삼겹살은 한입 크기로 자릅니다.

2 고추는 어슷썰기하고 양파는 채를 썹니다.

3 분량의 양념을 넣어 양념장을 만들어 줍니다.

4 오징어와 삼겹살을 양념장이 잘 배도록 재워둡니다.

5 달궈진 팬에 볶아 내면 완성입니다.

입안에서 사르르 녹는

바지락 초당순두부찌개

순두부 하면 역시나 강원도 초당순두부죠. 입안에서 사르르 녹는 고소한 맛이 간장을 살짝 발라 뚝뚝 떠먹어도 일품이지만 얼큰하게 즐기려면 시원한 바지락 국물에 끓인 찌개가 그만이죠. 담백하고 깔끔한 순두부의 진정한 맛을 느껴보세요.

요리재료

재료 | 순두부(1봉지), 바지락(1봉지), 달걀(1개), 대파(1대), 다진 돼지고기(1줌), 청·홍고추 (1개)씩, 고추기름(2), 쌀뜨물(2컵), 다진 마늘(1), 후추, 소금 약간씩

바지락 대신 김치를 넣고 끓이려면 송송 썰어
고기와 함께 볶아주세요. 바지락은 하룻밤 정도 소금물에
담가 해감시켜 깨끗이 씻어 준비해주세요.

1 고기 볶기

뚝배기에 고추기름을 두르고 고기와 다진 마늘, 후추를 넣고 달달 볶아줍니다.

2 바지락 넣고 끓이기

고기가 하얗게 익으면 쌀뜨물을 붓고 바지락을 함께 넣어 끓여주세요.

3 소금 간하기

조개가 입을 열면 썰어 놓은 대파와 고추를 함께 넣고 소금으로 간을 합니다.

Special tip

순두부란?

순두부는 수두부(水豆腐)입니다. 즉 눌러서 굳히지 않아 수분이 많이 포함된 두부를 말합니다. 이 순두부를 눌러서 굳게 되면 모두부가 됩니다. 순두부는 수분이 많아 부드럽고 모두부보다 콩 특유의 향기가 그대로 살아 있어 건강식, 해장국, 다이어트 음식 등으로 활용되고 있습니다.

요리 속의 요리

고추기름 만들기

마늘을 잘 다져 고춧가루와 버무려둔 다음 살짝 끓인 식용유를 버무린 고춧가루에 부어요. 다시 고운 체에 기름을 내려주면 맛있는 고추기름을 만들 수 있어요. 충분히 만들어 냉장보관하세요.

4 순두부 넣고 끓이기

순두부를 뚝뚝 떠 넣고 마지막에 달걀노른자를 얹어 한 번 더 끓여주면 돼요.

순두부를 나중에 넣으면 으깨지는 걸
방지할 수 있어요. 마지막에 달걀노른자를
살짝 얹어주면 더 먹음직스럽죠.

시원하게 입맛 당기는
춘천막국수

전 이름이 왜 막국수인가 했어요. 아무렇게나 먹어도 탈이 없기 때문에 막국수란 이름이 붙었답니다. 예전의 막국수는 동치미 국물에 국수를 말아 먹는 식이었다죠. 그 이후 양념장을 추가하여 먹는 요즘의 막국수로 발전하였답니다. 하지만 이름과는 달리 정말 맛있는 특별한 국수랍니다.

요리재료

재료 | 무(1/4개), 당근(1/2개), 오이(1/2개), 메밀국수(4줌), 달걀(2개), 동치미 국물 넉넉히, 설탕, 식초(0.3)씩

양념장 | 고춧가루, 고추장, 물엿(2)씩, 김칫국물(4), 간장, 식초, 참기름(1)씩

무, 당근 등 흙이 묻은 야채는
다듬고 남은 양파망 속에 넣고 흐르는 물에
두 세번 정도 문질러 주고 나면
손쉽게 닦을 수 있어요.

겨자를 넣으면
매콤한 맛을 즐길 수 있어요.

1 야채 썰기
무, 오이, 당근은 가늘게 채 썰어 준비하세요.

2 무 절이기
채를 친 무는 설탕과 식초(1:1비율로)를 넣고 잠깐 절여둡니다.

3 양념장 준비하기
분량대로 양념장을 만들어 줍니다.

Special tip

메밀국수의 유래

조선 인조(16년) 임진왜란이 끝나고 당시 거듭되는 흉년으로 백성이 초근목피로 연명하게 되었을 때 명나라에서 들여온 메밀로 호구지책을 강구하기에 이르렀죠. 조정에서는 백성들에게 산과 들에 메밀을 심어 먹도록 했다는 기록이 있는데 이때 중앙아시아 지역에서 자생해온 메밀은 한반도로 전파되어 춥고 척박한 지역에서도 살아갈 수 있는 특성 때문에 구황작물로 큰 몫을 하였습니다. 흉년에 곡식 대신으로 먹을 수 있는 피, 쑥 등과 함께 메밀국수, 메밀묵은 좋은 구황작물이 될 수 있었죠.
오늘날의 막국수의 유래는 태백산맥 화전민이나 산천 농민들이 메밀을 반죽해 먹던 메밀 수제비에서 유래되었다고 합니다. 요즘은 냉면과 마찬가지로 여름에 주로 즐겨 먹지만, 예전에는 간식이나 긴 겨울밤의 야식으로 먹던 겨울 음식이었고요. 메밀가루에 전분을 섞어 반죽한 다음 손으로 비벼서 국수틀로 면발을 뽑아 끓는 물에 잘라 넣어 익혀 먹는 것이 막국수입니다.

4 국수 삶기와 고명 얹기
냄비에 물을 부어 끓어오르면 메밀국수를 넣고 서로 붙지 않게 젓가락으로 저어 주세요. 메밀국수는 재빨리 찬물에서 여러 번 헹궈 물기를 빼 그릇에 담고 양념장을 얹어줍니다. 동치미 국물을 붓고 고명을 얹어 마무리합니다.

Special tip

1 국수를 다 먹은 후에는 그릇에 육수를 부어 간장 3~4방울과 식초 1방울을 섞어 마시면 막국수의 진미를 느낄 수 있답니다.

2 식성에 따라 식초, 겨자, 설탕을 추가해 드세요. 고명으로 배, 상추, 깻잎 등을 추가해 먹으면 더욱 맛나겠죠?

3 먹기 전에 통깨를 뿌려주면 더욱 고소한 육수 맛을 즐길 수 있어요.

4 신김치를 잘게 썰어 얹어 먹어도 맛있어요.

5 동치미 국물은 미리 살얼음이 얼도록 준비해 시원한 막국수를 즐겨보세요.

동치미 국물이 너무 짜거나
시다 싶으면 물을 부어 농도를 식성에
맞게 맞춰주세요.

경기도음식

경기도에는 오곡밥과 찰밥을 즐기고 국물이 걸쭉하고 구수한 음식들이 많았다고 합니다.
개성 음식은 보기에도 좋고 맛깔스런 양반가의 음식이 발달한 곳으로
우리나라에서 음식이 가장 호화롭고 사치스런 지역 중의 하나였답니다.

PART2

여름철 차게 즐기는 만두

개성편수

조선시대 개성은 경기도를 대표하는 지명 중의 하나였습니다. 음식도 화려하고 다양했죠. 그중에서도 여름 음식인 개성편수는 만두를 쪄서 식힌 다음 얼음 위에 올려 찬 육수와 함께 즐기는 음식이에요. 오동통한 개성편수와 함께 초간장을 곁들여 내면 더욱 좋죠. 시원하게 즐기는 만두로 여름의 여유를 찾으세요.

요리재료

재료 | 쇠고기(2줌), 돼지고기(2줌), 두부(1모), 숙주(1/2봉지), 달걀(1개), 만두피(20장)

고기 양념 | 진간장(2), 다진 파(2), 다진 마늘(0.5), 참기름(1), 깨소금(1), 소금, 후추 약간씩

쇠고기만 사용하면 퍽퍽해집니다. 고기는 구입할때 다져달라고 하면 편해요.

두부는 찬물에 20분 정도 담갔다가 흐르는 물에 씻어 키친타월로 닦아주세요.

만두소는 고기에 끈기가 나도록 20분 정도 치대주세요.

1 고기 무치기
다진 고기들은 함께 섞어 양념을 넣고 조물조물 무쳐둡니다.

2 두부 물기빼기
두부는 베보자기에 싸서 물기를 쏙 빼서 으깹니다.

3 재료 섞기
숙주를 끓는 물에 살짝 데쳐 고기와 한데 담고 달걀노른자를 넣어 고루 섞어줍니다.

Special tip

개성편수는 원래 찬 육수에 말아 드셔야 제 맛입니다.
만두피가 터지지 않게 하려면 밀가루에 달걀과 참기름을 넣으면 끈기도 생기고 잘 터지지 않아요.

요리 속의 요리

만둣국
개성편수로 만든 만두를 이용하여 만둣국을 만들어 보세요.

1 쇠고기는 찬물에 담가 핏물을 뺀 다음 찬물에서부터 충분히 삶아 고기는 건져내고 국물은 육수로 사용합니다.

2 육수가 끓으면 만두를 넣어 한소끔 끓여 소금으로 간을 맞추고 그릇에 담아 달걀지단, 채 썬 석이버섯, 실파를 고명으로 얹어냅니다.

4 만두 삶기
잘 섞은 재료를 만두피에 올려 만두를 빚고 끓는 물에 삶아 건져주세요.

만두는 만두피에 소를 올려 반으로 접고 끝을 말아서 모양을 완성해 주세요. 만두를 삶을 땐 끓는 물에넣고 끓이다가 만두가 동동 떠오르면 다익은 거랍니다.

색색의 화려한 고급요리

구절판

색이 예뻐 더 맛있는 구절판은 손이 많이 가는 게 흠이지만 개인의 기호대로 골라 먹을 수 있다는 장점과 8가지 야채들이 화려해 손님 상에 오르기에 충분한 음식입니다. 손님을 모시면 식탁 중앙에 자리하는 대표 음식이라고 할 수 있습니다. 보는 순간 대접받고 있다는 느낌을 온몸으로 받을테니까요.

요리재료

재료 | 오이(1/2개), 애호박(1/2개), 당근(1/2개), 표고버섯(5개), 쇠고기(1줌), 달걀(1개), 죽순(1개)

밀전병 반죽 | 밀가루(1컵), 물(1+1/2컵), 소금 약간

쇠고기 양념 | 진간장(1), 다진 마늘(0.3), 설탕, 참기름 (0.3)씩, 소금, 후추 약간씩

표고버섯 양념 | 진간장(0.5), 참기름, 설탕 약간씩

기호에 따라 부재료를
조금씩 바꿔서 조리해도 돼요.

노른자, 흰자 분리를 쉽게 하려면
페트병 속에 따뜻한 물을 담았다가 물을 빼고
터뜨린 노른자 위에 대면 흰자만 남고, 노른자는
페트병 속으로 쏙 들어갑니다.

1 야채 채 썰기
당근, 죽순은 길게 채 썰고 호박, 오이는 돌려깎기한 후 채 썰어 소금에 절여둡니다.

2 지단 부쳐 채 썰기
달걀은 흰자, 노른자를 따로 분리해 얇게 지단을 부쳐 채 썰어 준비해주세요.

3 쇠고기와 버섯 양념하기
채를 썬 쇠고기와 표고버섯은 준비한 양념에 조물조물 무쳐줍니다.

밀전병 사이사이에 잣을 조금씩 올려 주면 서로 붙지 않아요.

Special tip

4 야채 볶기
채 썰은 야채들을 색이 연한 재료부터 볶아줍니다.

5 전병 부치기
팬에 밀전병을 얇게 부쳐 나머지 재료들과 구절판에 담아내면 됩니다.

밀전병을 부칠 때 팬에 기름을 두른 후
키친타월로 살짝 닦아내고 최대한 약한 불에서 부쳐야 얇고
예쁘게 부쳐져요. 밀전병 반죽은 기포가 생기지 않게 밀가루를 체에
한 번 걸러주세요. 밀전병을 뒤집을 때는 젓가락을 사용하면
손쉽게 뒤집을 수 있어요.

보기에도 푸짐하게 한 쌈 듬뿍

보쌈김치

보쌈김치는 갖가지 풍성한 재료를 넣고 고명을 얹어 맛과 향기가 뛰어납니다. 보기에도 푸짐한 모습은 넉넉한 우리네 정을 느끼게 한답니다. 지금 일반 음식점에서 팔고 있는 보쌈김치는 약식화된 것입니다. 진짜 보쌈김치의 맛을 느끼고 싶다면 한번 도전해 보세요.

요리재료

재료 | 낙지(1마리), 무(1/3개), 미나리(1/4단), 배추(1/2포기), 실파(1/4단), 생새우(1줌), 대추, 잣, 실고추, 밤 약간씩

양념 | 다진 마늘(2), 다진 생강(0.5), 새우젓(4), 고춧가루(1/2컵)

낙지는 미리 소금으로 바락바락 씻어 준비하세요.

배추는 다썰지 말고 겉잎은 통으로 절여 준비해 주세요. 소금과 물의 비율은 1:6으로 하고 배추 위에 살짝 소금을 뿌려주세요.

1 속 재료 썰기

실파, 미나리, 낙지는 4cm 길이로 썰고, 무는 나박썰기합니다.

2 양념에 버무리기

분량의 양념에 생새우를 넣고 잘 버무려 주세요.

3 배추와 무 절이기

배추와 나박하게 썬 무는 소금물에 충분히 절여 건져둡니다.

4 버무리기

미리 만들어 둔 양념으로 배추와 무를 잘 버무리고 마지막에 새우젓국물로 간을 맞춰 속을 만듭니다.

5 담기

썰지 않고 절인 배춧잎은 안으로 말아 빙 둘러 세워주고 가운데에 4를 채워 주세요.

6 고명얹기

밤, 잣 ,실고추, 대추 등을 고명으로 얹어 주면 완성입니다.

1~2일 후에 삼삼한 육수를 부어 주면 더욱 고급스런 맛이 나요.

Special tip

익혀 먹을 땐 배춧잎을 펼쳐 깔고 김치 소를 가득 채워 눌러 담아 고명을 올려 여민 후 통에 담아 익혀내면 됩니다. 오래 두고 먹는 김치가 아니므로 조금씩 담궈 그때그때 별미로 드시는 게 좋아요.

뽀오얀 국물에 빠져 볼까요

설렁탕

뽀오얀 뼈 국물에 밥 한 공기 말아 뚝딱 하면 겨울철 시린 속 데우는 데는 그만인 설렁탕. 구수한 국물에 둘둘 말린 국수까지 버릴 게 하나도 없는 알짜배기 음식이죠! 입안으로 들어가는 후루룩 소리에 이마엔 땀방울이 돋고, 코 끝에는 김이 서려옵니다. 겨울엔 어쩐지 더욱 그리운 음식입니다.

요리재료

재료 | 쇠뼈(1/3근), 사골(1/3근), 양지머리(1/2근), 소면(2줌), 대파(2뿌리), 통마늘(5쪽), 소금, 후추 약간씩

핏물을 빼지 않으면
누린내가 나요. 시간이 없어 핏물을 충분히
우려내지 못할 경우엔 물에 뼈를 넣고 끓어오르면
그 물을 버리고 다시 새물을 부어
육수를 내면 돼요.

쇠뼈나 사골 외에
도가니를 추가하기도 한답니다.

1 육수 우려내기

쇠뼈와 사골을 먼저 찬물에 담가 핏물을 빼주고 냄비에 물을 부어 뽀얀 국물이 우러나도록 끓입니다.

2 재료넣고 끓이기

우린 국물에 양지머리와 대파, 통 마늘을 함께 넣고 30분 정도 끓입니다.

3 고기 썰기

고기가 익으면 건져내 먹기 좋게 편육으로 썰어줍니다.

Special tip

뼈 국물을 낼 때는 냄비에 한소끔 끓여 한 번 끓어오르면 물을 버리고 다시 물을 충분히 부어 푹 끓여주세요.

요리 속의 요리

깍두기

1 무는 깍둑썰기로 썰어 소금에 살짝 절이고 실파와 미나리는 3cm 길이로 썰고 마늘과 생강은 곱게 다집니다.

2 썰어 놓은 무에 먼저 고춧가루를 넣어 잘 버무려 빨갛게 물들인 다음 다진 마늘, 생강, 새우젓, 까나리, 굴, 설탕, 파, 미나리를 넣고 버무린 후 모자라는 간은 소금으로 간을 합니다.

3 항아리에 꼭꼭 눌러 담아 익힙니다.

4 육수 부어내기

국수를 삶아 사리지어 뚝배기에 담고 고기를 얹은 후 육수를 부어줍니다.

소금과 후축, 송송 썬 파를
따로 준비해 취향껏 넣어 드세요.

든든한 영양간식

약밥

신라의 왕이 까마귀의 은혜에 감사하기 위해 향기로운 밥을 지어 먹였는데 그것이 지금의 약밥이 되었다는군요. 영양 가득, 향기 가득한 맛있는 약밥으로 가족들에게 점수 한번 따보세요.

요리재료

재료 | 밤(10개), 대추(10개), 잣(1줌), 건포도(1줌), 찹쌀(3컵)

양념 | 계피가루(0.5), 간장(4), 참기름(2), 올리브유(1), 흑설탕(1/2컵), 물(2컵)

참쌀은 소화가 잘 돼요.

고명으로 해바라기씨나 호두 등 다른 견과류를 추가하면 더 좋아요.

1 참쌀 불리기

깨끗이 씻은 참쌀을 물에 2시간 이상 충분히 불려 체에 받쳐 물기를 빼주세요.

2 양념만들기

분량의 재료를 넣고 잘 섞어 양념을 만들어 줍니다.

3 고명 준비하기

알밤은 껍질을 벗기고, 대추는 깨끗이 씻어 씨를 발라내서 건포도, 잣과 함께 고명으로 준비해두세요.

Special tip

김을 뺀 후 주걱으로 고루 섞어 예쁜 모양의 그릇이나 네모난 통에 꼭꼭 눌러 담아 냉장고에 뒀다 단단해지면 꺼내 칼로 썰어 모양을 내주세요. 냉동실에 있는 얼음그릇에 담아서 모양을 내도 좋아요.

요리 속의 요리

수정과

재료 | 곶감(15개), 통계피(60g), 생강(100g), 설탕(4컵), 물(20컵)

1 계피는 물에 씻어 놓고 생강은 껍질을 벗겨 씻어 얇막하게 저며 놓습니다.

2 곶감은 가루를 털고 깨끗이 손질하여 놓습니다.

3 물에 생강과 계피를 넣어 매운맛이 우러나도록 끓여서 체로 걸러 건더기는 건지고 그 국물에 설탕을 넣어 다시 한 번 끓인 후 곶감의 일부를 넣고 담가서 곶감 맛을 우려냅니다.

4 익히기

불린 참쌀을 압력밥솥에 넣고 준비한 고명을 얹고 양념을 부은 후 불에 올리면 됩니다.

불 조절은 압력솥이 칙칙 소리를 내면 2분 후에 불을 줄이고나서 1분 후에 불을 끄고 김을 빼주세요. 그렇지 않으면 죽밥이 되어 버린답니다.

개성의 3대 음식

조랭이 떡국

보쌈김치, 개성만두와 함께 개성지방 음식의 3대 음식인 조랭이 떡국은 조랭이 떡의 생긴 모양 때문에 더 호기심이 가는 음식입니다. 그 모양은 조롱박과 누에에서 왔다고 하네요. 조롱박과 누에가 가지고 있는 악귀를 쫓는 의미와 길함을 동시에 상징한다고 합니다. 재미난 조랭이 떡국 모양과 그 의미를 생각하면서 먹으면 좋은 일이 생길 것 같아요.

요리재료

재료 | 조랭이 떡(4인분), 대파(1뿌리), 만둣국용 만두(10개), 양지머리(1/3근), 다진 마늘, 국간장 (1)씩, 후추, 소금, 구운 김, 달걀 황백지단 약간씩

076

준비한 고기가 없을 땐
멸치다싯물에 간편하게 끓여
먹어도 맛있어요.

육수를 낸 고기는 편육으로 썰어
참기름, 간장, 다진 마늘, 소금, 후추를 넣고
미리 양념해 고명으로 얹어도 좋습니다.

1 떡 불리기

조랭이 떡은 미리 물에 담가 말랑하게 불려줍니다.

2 육수 간하기

끓는 물에 양지머리를 넣고 삶아 고기는 건져내고 육수는 국간장으로 간을 해줍니다.

3 고기 썰기

삶은 고기는 편으로 썰어주세요.

고기의 육즙

Special tip

1 육즙이 많이 빠지는 것은 좋은 고기가 아닙니다. 도축 시에 가축이 스트레스를 많이 받았거나 보관이 잘못되었거나 등의 이유에서 맛 또한 현저히 떨어지는 것이 사실입니다. 고기를 살 때 진열되어 있는 바닥에 육즙이 많이 배어나와 있는 것은 구입을 피하세요.

2 육즙을 제거할 때는 키친타월을 이용해서 한두 번 감쌌다가 바로 조리하는 것이 좋습니다.

4 떡 끓이기

팔팔 끓는 육수에 만두와 떡을 넣고 떠오를 때까지 끓입니다.

5 간하기

편육과 대파, 다진 마늘을 넣고 소금과 후추로 간을 맞춘 후 그릇에 담아내면 됩니다.

마지막에 김가루와 황백지단을
올려주면 보기도 좋고 더욱 맛있겠죠.

오색고명 영양만점

탕평채

조선시대 노론 소론 남인 북인 같은 당파싸움으로 조정이 어지러울 때 정조대왕이 만든 음식입니다. 어느 쪽으로도 치우침이 없이 고르다는 '탕탕평평' 이란 말에서 유래되었다는 탕평채는 그래서인지 영양면에서도 완벽하게 균형을 맞춘 음식이랍니다. 먹다 남은 탕평채에 밥을 얹어 고추장에 비벼 먹어도 맛이 그만이지요.

요리재료

재료 | 청포묵(1덩어리), 다진 쇠고기(1줌), 미나리(1/2단), 숙주(1/2봉지)

청포묵 밑간 | 참기름(0.5), 소금 약간

쇠고기 양념 | 초간장(1), 설탕, 다진 마늘, 다진 파(0.3)씩, 깨, 참기름(0.5)씩, 후추 약간

고명 | 달걀 황백지단, 잘게 자른 김 약간씩

초간장 | 식초, 진간장, 설탕(0.3)씩, 물(0.5), 깨소금 약간

청포묵을 끓는 물에 넣어
색이 반투명해지면 꺼내 찬물에
헹군 후 체에 밭쳐 물기를 빼주세요.

1 재료 썰기
청포묵, 미나리, 숙주는 따로 삶아 건져 5cm 길이로 채 썰어줍니다.

2 청포묵 밑간하기
채를 썬 청포묵은 참기름(0.5)과 약간의 소금으로 밑간을 해주세요.

3 고기 볶기
다진 쇠고기는 미리 양념해 볶아 둡니다.

숙주 대신 콩나물을 사용해도 좋고, 오이나 당근 등 기호에 맞는 야채를 추가해도 맛있답니다. **Special tip**

다이어트 음식으로 각광받고 있는 천사채잡채

재료 | 천사채(70g), 오이(1/4개), 당근(20g), 달걀(1개), 게맛살(20g), 식초(0.5), 양파즙(1), 간장(0.5), 설탕(0.5)

만드는 법

1 천사채는 찬물에 한 번 헹군 후 먹기 좋은 길이로 짧게 자릅니다.

2 오이와 당근은 5cm 길이로 썬 후 돌려깎아 채 썹니다.

3 달걀은 흰자, 노른자를 나눠 각각 지단을 부친 후 다른 재료들과 같은 길이로 썹니다.

4 게맛살은 먹기 좋게 결대로 찢습니다.

5 식초, 양파즙, 간장, 설탕을 고루 섞은 후 준비한 재료를 전부 볼에 담고 버무립니다.

4 버무리기
볶은 쇠고기와 청포묵, 미나리, 숙주를 고루 섞은 다음 고명을 얹어 초간장과 함께 내면 됩니다.

마지막 그릇에 담아내기 전에
통깨를 솔솔 뿌려주세요.

바다향기를 슥슥 비벼 한입에 맛보는

해물솥밥

반찬 없이도 한 끼 든든하게 해결할 수 있는 해물솥밥입니다. 손님접대에도 그만이고 입맛 없는 가족들에게도 딱인 음식이
죠. 쫄깃쫄깃한 오징어와 조갯살 씹히는 맛이 일품이랍니다.

🧂 요리재료

재료 | 홍합살(1줌), 새우살(1줌), 오징어(1마리), 조갯살(1줌),
불린 쌀(3컵), 당근(1/2개), 느타리버섯(1줌), 청주(1)
양념장 | 진간장(4), 고춧가루(1), 다진 마늘(1.3), 다진 파(1),
통깨, 참기름 약간씩

준비한 조갯살, 홍합살, 새우살은
소금물에 살살 흔들어 씻어 건져주세요.

1 재료 준비하기

조갯살, 홍합살, 새우살은 깨끗이
씻어 두고, 오징어는 손질하여 먹기 좋게
썰어 준비해둡니다.

2 야채썰기

당근은 가늘게 채 썰고 느타리버
섯도 결대로 가늘게 찢어줍니다.

3 해산물 얹기

압력솥에 미리 불린 쌀을 담고 준
비한 해산물을 골고루 올려줍니다.

Special tip

1 물 대신 사골 육수를 부어 밥을 지으
면 윤기도 나고 밥 맛이 더욱 좋아요.

2 해물은 기호에 따라 추가하세요.

4 밥 짓기

당근과 느타리버섯도 함께 올려
청주를 넣고 밥을 짓습니다.

5 밥 섞기

밥이 다 되면 골고루 잘 섞어 그릇
에 담아 양념장과 곁들여 냅니다.

해물재료에서 물이 많이 나오므로 밥물을
잘 맞추는 것이 중요해요. 평상시보다 밥물을 적게
잡으세요. 쌀과 물의 양을 1:1로 해주세요.

Special tip

좋은 해물 고르기

신선한 새우는 머리와 껍질이 몸통에 단단하
게 붙어 있습니다. 머리와 몸통이 분리되려 하
는 새우는 오래된 새우일 가능성이 높습니다.
오징어는 육안으로 보았을 때 검붉은 색이 많
이 나면 좋지 않습니다. 오래된 오징어는 다리
가 떨어져 나간 것이 있으니 다리가 떨어져 나
간 오징어는 구입하지 않도록 합니다. 조개의
색은 신선도와 별 관계가 없습니다. 익었을 때
조개가 열리지 않고 닫혀 있다면 일단 신선도
를 의심하고 그 조개는 먹지 않도록 합니다.

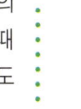

임금님 상에만 올랐다던
궁중 너비아니

너붓너붓하게 썰었다고 하여 너비아니라고 불렀다? 궁중 불고기의 일종인 너비아니로 임금님 기분 좀 내볼까요?
구수한 냄새에 벌써부터 군침이 도네요. 예전엔 쇠고기를 일상적으로 먹는 일이 드물었습니다. 조선시대의 소는 농경사회
를 유지하는 기본이었으니까요.

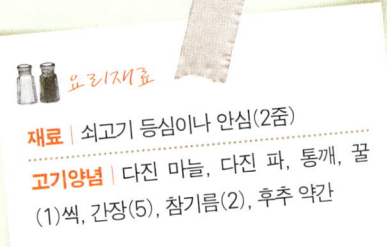

요리재료

재료 | 쇠고기 등심이나 안심(2줌)
고기양념 | 다진 마늘, 다진 파, 통깨, 꿀
(1)씩, 간장(5), 참기름(2), 후추 약간

1 칼집 넣기
쇠고기에 칼등으로 자근자근 칼
집을 다이아몬드 꼴로 넣어주세요.

쇠고기는 넓게 저미고
얼린 고기보다는 생 고기로 준비해주세요.

2 양념에 재우기
분량의 양념을 만들어 쇠고기를
30분 정도 재워둡니다.

양념을 만들 때
다시마국물을 조금 넣어 주면 고기의
육질을 부드럽게 해준답니다.

3 구워내기
재운 고기를 기름칠한 석쇠에 올
려 구워주면 됩니다.

고기는 센 불에서 재빨리 익혀야
육즙이 빠져나가지 않아 맛이 좋아요.

쇠고기 부위별 특징과 용도

1 **안심**은 등뼈의 바깥쪽에 있는 채끝살의 안쪽에 붙어 있는 가늘고 긴 고기로 최고급 부위에 속합니다. 안심부위는 거의 사용되지 않는 근육이 므로 부드럽고 결이 곱고 맛이 좋아 구이나 스테이크, 바비큐 등을 조리할 때 주로 이용됩니다.

2 **등심**은 갈비 전체의 윗쪽 등뼈 앞으로 형성되어 있는데 양 옆으로 대칭되어 2개 부위가 나오며, 마블링에 의해 품질이 결정되어져 마치 서리 가 내린 것처럼 고기에 얼룩 지방이 고르게 분포된 것이 질 좋은 등심으로 평가되어 집니다. 안심에 비하여 지방질이 많은 편으로 지방분과 줄기가 부분적으로 몰려 있는 곳도 있으며 불고기나 전골, 로스구이 등에 주로 이용됩니다.

3 **갈비뼈**는 전체 13개가 있는데 앞다리쪽 부위를 1번으로 하여 1번~13번까지를 갈비라 말하며 등쪽의 마구리를 제거하고 갈비 안쪽의 막(제비 추리, 안창살, 토시살)을 제거한 정리된 갈비만을 뜻합니다. 갈비는 지방질이 많지만 부드럽고 흰서리 같은 부분이 많을수록 품질이 좋은 것입 니다. 기름이 하얗고 덩어리 기름이 너무 많거나 질긴 껍질이 많은 것은 먹기도 나쁘고 조리하기도 불편하므로 피해서 구입하는 것이 좋습니 다. 갈비 특유의 풍미로 구이나 찜, 탕 등을 하면 맛이 매우 뛰어납니다.

4 **사태**는 다리의 장딴지 부위로 근막이 발달되어 있고, 콜라겐이나 엘라스틴 등이 많아 질기지만 약한 불에서 오래 가열하게 되면 콜라겐이 젤 라틴화되어 부드러워집니다. 무릎 관절을 감싸고 있는 여러 근육들을 근막에 따라 앞다리에서 또는 뒷다리에서 분리하여 정형한 것을 뭉치사 태라고 하며 여러 덩어리가 뭉쳐져 있는 것처럼 생겼다 하여 명명되었습니다. 아롱사태는 뭉치사태의 가운데 위치한 아킬레스건으로 연결되 어 있는 단일근육으로 고구마 모양으로 생긴 근육을 말합니다. 보통 육회나 탕, 스튜, 찜, 장조림, 편육 등에 주로 사용합니다.

5 **우둔살**은 바깥쪽의 오른쪽 우둔과 왼쪽 우둔으로 나뉘며 양지살과 같이 약 3~4cm의 뚜껑처럼 생긴 층이 있고 이를 젖히면 기름이 전혀 없는 살덩이가 4~5kg 정도가 나오는데 이것을 우둔살이라고 합니다. 근육막이 적어 비교적 연하고 맛이 좋아 주로 육회나 구절판, 나물 등의 고명, 산적구이 다진 고기용 등으로 적당합니다.

6 **홍두깨살**은 하측 우둔과 뒷다리 바깥쪽 관절 사이에 붙어 있는 살로 지방과 살코기가 적당한 비율로 섞여 있어 결이 곱고 부드러운 살로 보기 도 좋고 질기지 않은 특성이 있습니다. 주로 장조림, 육회, 육포 등에 많이 쓰이며, 구절판 등 가는 고기 채 썰기를 할 때에 결대로 곱게 썰기가 좋아 많이 이용되고 있습니다.

경상도음식

경상도 음식은 물고기를 고기라 할 만큼 생선을 제일로 쳐 해산물을 이용한 음식이 많고
멋을 내거나 사치스럽지 않으며, 음식의 간은 입안이 얼얼할 정도로 맵고
세게 하는 편으로 전라도 음식보다도 맵고 짭니다.

PART3

부드러운 닭고기와 쫄깃한 칼국수의 만남!

닭 칼국수

넣는 재료에 따라 먹는 방법도 가지가지인 칼국수! 그중에도 진한 닭 육수에 담백함이 입안 한가득인 닭 칼국수를 만들어
보아요. 어떤 날은 호박을 숭숭 썰어넣고, 또 어떤 날은 바지락을 한 웅큼 넣어 맛을 즐기기도 하지만 깊고 그윽한 육수와
고기 맛을 느끼고 싶다면 닭 칼국수를 추천합니다.

요리재료

재료 | 닭 가슴살(1팩), 애호박(1개), 대파(2뿌리),
칼국수면(4인분), 통마늘(5쪽)

닭고기 양념 | 참기름(0.5), 통깨(0.5), 다진 마늘(1),
소금, 후추 약간씩

닭 육수를 낼 때 통마늘과 대파 등을
넣어주면 닭 특유의 냄새를 없앨 수 있어요.
닭이 물러지도록 삶아주세요.

1 육수 간하기
닭 가슴살로 육수를 낸 다음 닭고기는 건져내고 국물은 베보자기에 걸러 소금으로 간합니다.

2 닭살 양념하기
육수를 내고 건진 닭살은 잘게 찢어 분량의 양념을 넣고 조물조물 버무려줍니다.

3 칼국수 끓이기
닭 육수에 칼국수를 넣고 끓이다가 면이 떠오르면 대파, 호박을 채 썰어 넣습니다.

Special tip

1 기호대로 간장이나 소금으로 간해주세요.
2 청양고추를 양념장에 썰어 넣으면 칼칼한 맛을 즐길 수 있습니다.

Special tip

닭 가슴살 | 가슴 안살과 마찬가지로 지방이 적고 맛이 담백합니다. 요새 다이어트 식품으로 각광받고 있는 부위입니다. 구이나 샐러드 양념구이에 많이 이용됩니다.

닭 다리살 | 육질이 단단하지만 지방이 많아서 맛이 부드러워 많은 사람들이 좋아하는 부위입니다. 구이나 찜 등에 이용됩니다.

날개살 | 지방이 적어 튀김에 좋습니다.

4 닭살 얹기
잠시 더 끓인 다음 그릇에 담아 양념한 닭살을 얹어주세요.

닭 육수 만들기
준비한 닭 가슴살과 통마늘(5쪽), 대파(1대), 맛술(1)를 함께 넣어 30분 정도 끓여 육수를 내줍니다.
충분한 양을 만들어 냉장보관해두면 좋아요.

빨간색을 내기 위해 볶은 고추를
고명으로 얹어도 먹음직스럽답니다.

부산하면 떠오르는
동래파전

동래파전은 다름이 아니라 동래의 파 품질이 좋아서 유명해졌답니다. 갖은 재료를 푸짐하게 얹어 봄철에 막 나온 파로 부쳐 내면 더욱 맛있겠죠! 쪽파의 푸릇하고 싱싱함 위에 갖은 해산물이 덩어리째 뿌려지고 달걀로 지단 부치듯 뿌려주면 '지지직' 하는 소리에 절로 행복해집니다.

🧂 요리재료

재료 | 쪽파(1/2단), 홍합살, 조갯살, 생새우(2줌)씩, 오징어(1마리), 부침가루(2컵), 달걀(4개), 청·홍고추(4개)씩

초간장 | 간장(2), 식초(0.5), 설탕, 통깨 약간씩

준비한 해물은 흐르는 물에
살살 흔들어 깨끗이 씻어 건져주세요.

원조 동래파전은 쌀가루와 찹쌀가루를
잘 섞어 사용한답니다.

1 해물 손질하기
해물은 깨끗이 씻어 건지고, 오징어는 먹기 좋게 잘라줍니다.

2 반죽 만들기
부침가루에 달걀(1개)을 깨뜨려 넣고 잘 섞어 반죽합니다.

3 파 얹기
팬에 반죽을 한 국자 정도 떠 넣고 깨끗이 씻어 손질한 파를 얹어주세요.

Special tip

1 파전을 낼 때는 초간장과 함께 곁들여 주세요.

2 봄철에 막 나온 파를 사용하면 질기지 않아 씹는 맛이 부드러워요.

파 보관하기
파는 점액성분이 흐르는 것은 좋지 못하고 흰색과 푸른색의 경계가 뚜렷한 것이 좋습니다. 파를 보관할 때는 푸른 부분은 신문지에 싸서 냉장고에 보관하거나 송송 썰어 냉동보관해서 볶음밥이나 다른 음식을 할 때 이용하면 좋습니다. 흰 부분은 비닐팩에 넣어 냉장고에 보관합니다.

4 해물 얹기
손질해둔 해물을 골고루 얹고 고추는 길게 채 썰어 보기 좋게 얹어줍니다.

5 노릇하게 지쳐내기
마지막에 달걀물을 한 국자 위에 붓고 뚜껑을 덮어 익혀주면 됩니다.

해물을 좀더 푸짐하게 준비하면
더 먹음직스럽겠죠.

파전을 익힐땐 뚜껑을 덮어야
재료가 고루 익어요.

매콤하고 칼칼한 대구의 맛

두부두루치기

마파두부와는 다른 매콤한 맛에 밥반찬으로도 좋지만 술안주로도 손색이 없습니다. 일찍 퇴근해 집에 돌아온 남편을 위해 오늘 저녁 두부두루치기 한판 해볼까요? 매콤한 두부 한 조각 입에 넣어줘 보세요. 스트레스가 달아난다고 할 겁니다.

🧂 요리재료

재료 | 두부(1모), 양파(1/2개), 쪽파(4뿌리), 대파(2뿌리), 청·홍고추(2개)씩, 애호박(1/3개), 표고버섯(5개), 돼지고기(1/3근)

돼지고기 양념 | 고추장, 간장(2)씩, 고춧가루, 다진 마늘, 설탕, 물엿, 맛술(1)씩, 후추, 생강가루 약간씩

1 야채 썰어 준비하기
애호박은 반달썰기, 대파, 쪽파, 양파는 채 썰기, 홍·청고추는 어슷썰기, 표고버섯은 먹기 좋게 2~3등분해서 준비해 둡니다.

두부를 팬에 살짝 부쳐서 사용하면 부서지지 않습니다.

2 두부에 소금 뿌리기
두부는 깍둑썰기해 소금을 솔솔 뿌려줍니다.

돼지고기는 삼겹살이나 목살 등 기호대로 준비해서 먹기 좋게 등분하세요.

3 돼지고기 양념하기
돼지고기는 분량의 양념으로 잘 주물러 30분 정도 미리 재워둡니다.

Special tip

1 마지막에 참기름을 조금 넣고 통깨를 뿌려서 마무리 해주세요.

2 고기가 없을 땐 두부와 양념만 넣고 야채와 함께 볶아줘도 맛있어요.

3 쌈을 곁들여 싸 먹어도 맛있어요.

4 고기 볶기
달군 팬에 기름을 살짝 두르고 양념한 돼지고기를 볶아줍니다.

5 한데 섞어 볶기
고기가 익으면 야채를 넣고 볶아준 뒤 물을 자작하게 붓고 마지막에 두부를 넣어 두부가 부서지지 않게 살짝 뒤적여주면 됩니다.

맵게 즐기려면 청양고추를 넣어 주세요.

국따로 밥따로

따로국밥

대구의 대표 음식인 따로 국밥은 환절기 때 식욕이 떨어진 분들의 입맛을 확 살리는 얼큰하고 시원한 맛이 으뜸입니다. 보통 국밥은 밥이 말아져 나오는데 따로 국밥은 이름 그대로 국 따로 밥 따로 나온답니다. 그게 무슨 차이냐고요? 김밥과 김과 볶음밥의 차이 아닐까요? 따로 먹고 싶은 건 따로 먹어야 한다니까요.

요리재료

재료 | 쇠뼈, 선지(1근)씩, 실파(1), 다진 마늘(1), 우거지(2단), 콩나물(1/2봉지), 고춧가루(1), 된장(3), 소금, 후추 약간씩

냄비에 쇠뼈나 잡뼈를 담고
물(8컵)을 부어뽀얀 국물이 나올 때까지
삶아준 뒤 뼈를 건져내고 기름기를 걸어
준비해줍니다.

정육점에 가면
선지가 들어오는 날이 따로 있어요.
미리 주문해 놓으면 편해요.

1 육수 우려내기

쇠뼈는 찬물에 담가 미리 핏물을 빼고 준비한 다음 푹 고아 뽀얀 국물이 나오도록 끓여서 식힌 후 기름을 제거합니다.

2 된장 풀기

준비한 육수(6컵)에 된장을 풀어 한소끔 끓여줍니다.

3 선지 삶기

선지는 체에 담아 끓는 물에 삶아서 응고시킨 후 건져서 준비합니다.

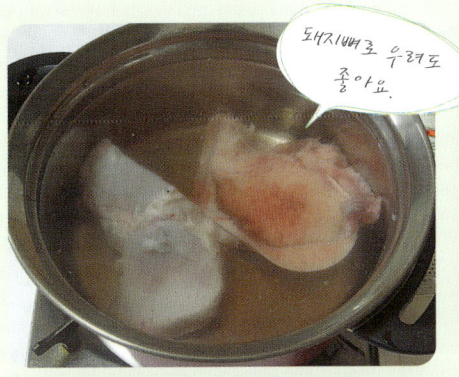

돼지뼈로 우려도
좋아요.

Special tip

1 음식을 낼 땐 실파를 송송 썰어 듬뿍 얹어주세요.

2 밥과 깍두기를 함께 내주세요.

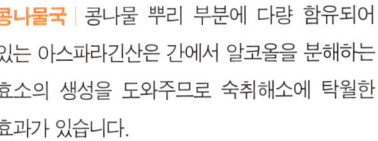

Special tip

숙취 해소에 좋은 음식

콩나물국 | 콩나물 뿌리 부분에 다량 함유되어 있는 아스파라긴산은 간에서 알코올을 분해하는 효소의 생성을 도와주므로 숙취해소에 탁월한 효과가 있습니다.

북어국 | 다른 생선보다 지방함량이 적어 맛이 개운하고 간을 보호해주는 아미노산이 많습니다.

꿀물 | 당과 수분을 공급해주어 숙취를 해소하는 데 도움을 줍니다.

녹차 | 녹차잎의 폴리페놀이란 물질은 아세트알데히드를 분해하는 데 도움을 줘 숙취해소에 좋습니다.

4 끓이기

국물이 끓으면 우거지, 콩나물, 다진 마늘, 고춧가루, 된장을 넣고 바글바글 끓입니다.

육수 낼 때 양지머리를 함께 삶아
편으로 썰어 넣으면 더 진한 맛이 나지요.

5 소금간하기

적당하게 썬 선지를 넣고 소금, 후추로 간하여 주면 완성입니다.

응고된 선지는
숟가락으로 뚝뚝 떼어 넣으면 되요.

게 눈 감추듯 없어지는

벌떡게장

자다가도 벌떡 일어날 맛에 벌떡게장인 줄 알았더니 오래 두고 먹지 못한다 해서 붙여진 이름이라네요. 알이 꽉 찬 꽃게에 맛난 양념을 꽉꽉 무쳐서 게 눈 감추듯 먹어보아요. 그래도 제가 느끼기엔 정말 벌떡 눈이 떠질 만큼 맛있는 것 같아요.

요리재료

재료 | 꽃게(2마리), 청·홍고추(2개)씩
양념 1 | 양파(1/2개)즙, 맛술(1), 식초(1), 생강가루 약간
양념 2 | 고춧가루(6), 다진 마늘(1), 설탕(3), 참기름, 맛술, 청주(2)씩,
간장(1), 까나리액젓(3), 소금(0.3), 후추, 생강가루 약간씩

꽃게는 반드시 살아 있는 것으로 준비한 다음 무치기 직전 냉동실에 잠시 뒀다가 요리하세요. 알 꽃게를 사용하면 살이 꽉 차고 씹는 맛이 훨씬 더 좋답니다.

1 꽃게 손질하기
꽃게는 깨끗이 손질해서 먹기 좋은 크기로 잘라 준비해주세요.

2 양념에 미리 재우기
적당히 자른 꽃게는 양념 1을 넣어 20분 정도 재워둡니다.

3 양념장 만들기
양념 2의 양념을 잘 섞어 양념장을 만들어 주세요.

Special tip

꽃게는 9월~10월 사이가 제철이랍니다.

4 버무리기
양념 1에 미리 재운 게와 3을 넣고 어슷썬 고추도 넣어 고루 버무려주세요.

양념한 게장은 바로 먹지 말고 냉장고에 잠시 뒀다 양념이 고루 밴 다음 먹어야 제 맛을 느낄 수 있답니다.

꽃게찜

재료 | 꽃게(1마리), 다진 쇠고기(1줌), 표고버섯(5장), 오이(1/2개), 실파 적당량, 두부(1/4모), 마늘(3쪽), 달걀(1개), 소금, 후추, 참기름 약간씩

1 게는 솔로 문질러 씻은 다음 등딱지를 떼어내고 내장을 꺼내어 그릇에 살만 발라 놓습니다.

2 발라낸 게살과 곱게 다진 쇠고기와 두부 으깬 것을 고루 섞어 다진 파, 마늘, 소금, 후추, 참기름을 넣고 양념을 합니다.

3 오이는 껍질만 곱게 채쳐 소금에 살짝 절여 물기를 뺍니다.

4 팬에 기름을 두르고 오이와 채 친 표고버섯을 볶습니다.

5 달걀은 흰자, 노른자로 나누어 지단을 부쳐 채칩니다.

6 게딱지 속의 물기를 닦아내고 게살 양념을 채워 넣습니다.

7 김이 오른 찜통에 다리와 양념을 채운 게딱지를 넣어 뚜껑을 덮고 10분 정도 찝니다.

8 잘 익은 게살 위에 준비한 오이, 표고버섯, 달걀 지단 고명을 얹어 냅니다.

여름철 보양식의 대표주자

삼계탕

삼계탕은 원래 영계를 백숙으로 고아 '영계백숙' 이라 하였는데, 삼을 넣어 '삼계탕' 이라 불리기 시작했답니다. 여름철 빼놓을 수 없는 보양식인 삼계탕을 이제 집에서 고아 드세요! 삼복더위 모두 물리치는 것은 기본이랍니다. 인삼이 몸에 잘 받지 않는 분들은 홍삼을 넣어 드세요.

요리재료

재료 | 영계(1마리), 찹쌀(1/2컵), 대추(10알), 황기(1뿌리), 마늘(3쪽), 수삼, 인삼(1뿌리)씩, 맛술(1), 소금, 후추 약간씩

닭을 살 때 삼계탕용이라고
미리 말하고 손질을 부탁하면
요리하기 더 간편하죠.

닭 속을 채운 다음엔 내용물이
새어 나오지 않게 실이나 꼬치 등으로
잘 여며주세요.

1 참쌀 불리기

깨끗이 씻은 참쌀은 3시간 이상 충분히 불려 준비하세요.

2 닭에 밑간하기

손질한 영계는 맛술, 소금, 후추를 잘 섞어 발라 밑간합니다.

3 실로 묶기

밑간한 영계에 마늘과 참쌀로 배를 채워 실로 단단히 묶어주세요.

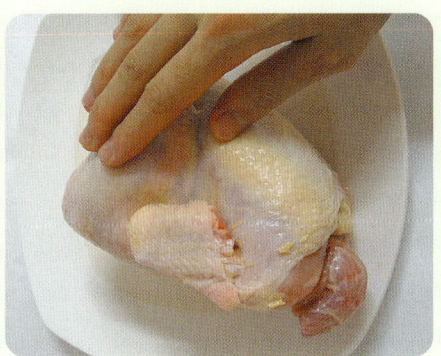

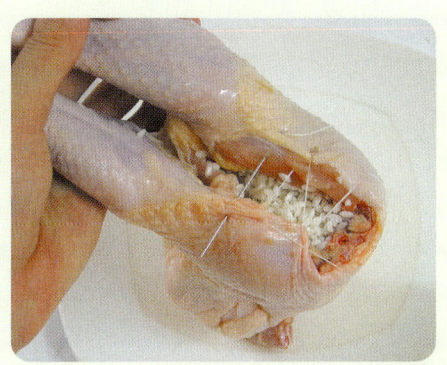

Special tip

1 닭은 센 불에서 끓이다 팔팔 끓으면 중불로 맞춰 기름기를 제거해가며 맑게 고아야 진한 맛이 우러납니다.

2 푹 고아진 영계는 건져서 실을 푼 다음 그릇에 담아 소금과 후추로 간해서 드세요.

Special tip

닭고기는 고단백 식품으로 손색이 없습니다. 그중 영계가 가장 좋다고 합니다. 닭은 생후 6개월 이후면 알을 낳는데 알을 낳기 전의 어린 닭을 영계라고 합니다. 너무 어리거나 알을 낳았던 늙은 닭은 고기가 질기고 영양가도 떨어지며 맛이 없습니다.
삼계탕을 끓일 때 주의할 것은 혈압이 높은 사람은 되도록 인삼을 넣지 말아야 합니다. 인삼이 열과 기(氣)를 북돋아 주기 때문입니다. 닭의 기름 부위와 껍질도 완전히 제거해서 끓여야 하고 한 번 살짝 끓인 다음 그 물을 따라 버리고 다시 물을 부어 끓이면 기름기가 제거되어 담백한 맛을 즐길 수 있습니다. 삼계탕에 들어가는 대추는 먹지 말고 버리세요. 대추가 닭의 나쁜 물질을 빨아들이기 때문에 먹지 않는 것이 좋습니다.

4 고아내기

냄비에 닭을 넣고 대추, 수삼, 황기, 인삼 등의 재료를 함께 넣어 1시간 이상 푹 고아냅니다.

기호에 따라 오가피 등 몸에
좋은 한약재를 추가하기도 해요.

매콤하게 톡 쏘는 묘한 맛

안동식혜

한국의 전통 음료인 식혜. 경상도에서 다른 말로 '단술'이라고 한답니다. 하지만 안동식혜는 다른 감주와 달리 끓이지 않고 무와 고춧가루, 생강 등을 넣어 톡 쏘는 맛을 내는 독특한 맛을 가진 겨울철 향토 음식입니다. 시원한 느낌은 꼭 물김치 같답니다.

요리재료

재료 | 불린 찹쌀(2컵), 엿기름(1/3봉지), 무(1/6개), 당근(1/2개), 생강(1쪽)즙, 물(7+1/2컵), 고운 고춧가루, 설탕 약간씩

엿기름을 3~4시간 정도 담가뒀다가
주물러 건져내고 반나절 정도
가라앉혀 주세요.

1 엿기름 앉히기

엿기름은 물에 주물러 꼭 짜서 건져낸 후 가라앉혀 맑은 윗물만 따라 놓습니다.

2 야채 썰기

당근과 무는 나박썰기하여 찬물에 씻어 건져 놓고 생강은 껍질을 벗겨 즙을 내어둡니다.

3 찹쌀 불려 고두밥짓기

찹쌀은 불려 고두밥을 지어 한 김 내보낸 뒤 큰그릇에 무, 당근, 고두밥을 고루 섞습니다.

Special tip

1 하루 정도 실온에서 삭힌 다음 기호에 따라 설탕을 추가해서 냉장고에 보관하면 됩니다.
2 먹기 직전에 잣이나 땅콩 같은 견과류를 고명으로 얹어주세요.

Special tip

안동식혜는 유산균 음료로 저온에서 오래 삭힐수록 유산균이 많습니다(3일 후가 가장 많아요).
우리가 일반적으로 마시는 식혜(단맛의 국물이 많은 식혜)와 달리 끓이지 않고 얄팍하게 나박썬 무와
엿기름 우린 물과 생강즙, 고춧가루를 넣고 삭힌 음료로서 약간 걸쭉하고 톡 쏘는 듯한 맛을 냅니다.
기호에 따라 잣이나 밤채를 얹어서 먹어도 좋습니다.

4 고춧물 들이기

따뜻하게 데운 엿기름물에 생강즙을 넣고 면보자기에 고춧가루를 넣어 붉게 물들인 다음 3과 함께 6시간 정도 따뜻한 곳에서 삭혀주면 됩니다.

밥알이 동동 떠오르면 다
삭힌 겁니다. 마지막에 설탕을
넣고 간해주세요.

닭의 새로운 변신
안동찜닭

자주 해먹는 빨간 닭도리탕(닭볶음탕이 정확한 표현입니다만)이 질릴 때쯤 매콤 달콤하게 간장에 조린 안동찜닭으로 분위기를 바꿔 보세요. 첫맛은 매콤하고 뒷맛은 깔끔해 그 맛에 반할 거예요. 요즘은 안동찜닭 전문점이 많이 생겨서 친숙하답니다. 사먹지 말고 집에서 도전해 보세요.

요리재료

재료 | 생닭(1마리), 표고버섯(5개), 당근(1/3개), 양배추 잎(5장), 양파(1/2개), 대파(3뿌리), 감자(3개), 당면(1줌), 청양고추(3개)

양념 | 간장(1/2컵), 설탕(2), 물엿(1), 다진 마늘(1), 후추, 물 약간씩

1 칼집 넣기

준비한 닭은 깨끗이 손질해 칼집을 사선으로 고루 넣어 맛술에 미리 재워 둡니다.

감자는 모서리 부분을 둥글게 깎으세요. 그래야 조릴 때 뭉개지지 않아요.

2 야채 준비하기

표고버섯은 2~3등분하고, 준비한 야채는 한입 크기로 큼직하게 썰어 놓습니다.

센 불에서 재빨리 조려야 감자가 부서지지 않고 쫄깃한 찜닭을 맛볼 수 있어요.

3 한데 조리기

넓은 팬에 닭과 감자, 청양고추, 당근, 버섯을 함께 넣고 양념에 조립니다.

Special tip

1 말린 붉은 청양고추를 넣어주면 더 깔끔한 매운 맛이 나지요.

2 양념에 캐러멜을 넣어주면 더 맛있는 색을 낸답니다.

3 찜은 고기나 채소 등에 갖은 양념을 하여 찌거나 삶아 국물이 조금만 남도록 조리는 음식이에요. 안동찜닭은 처음부터 끝까지 센 불에서 조리해야 닭 냄새가 나지 않아요.

4 야채 넣고 조리기

감자가 적당하게 익어 조려지면 양배추와 대파, 양파를 얹어 마저 조립니다.

5 당면 넣고 뒤적이기

닭과 야채가 다 익으면 마지막에 찬물에 불려두었던 당면을 넣고 뒤적여주면 됩니다.

당면은 미리 찬물에 담가 불려서 준비하세요.

눈을 맑게 하는
재첩국

재첩은 눈을 맑게 하고 피로를 풀어주며 간 기능을 향상시켜 주는 효과가 있다고 해요. 게다가 비타민과 무기질이 많아 숙취해소에도 좋아요. 속 쓰린 다음날 해장국으론 그만이죠. 손톱만한 녀석이 대단한 걸요. 요즘은 섬진강이나 낙동강 모두 재첩 채취량이 줄어들고 있다니 걱정입니다.

요리재료

재료 | 재첩(1봉지), 부추(1/4단), 팽이버섯(1봉지), 다진 마늘(1), 물(5컵), 소금 약간

재첩은 5~6월에 살이 통통하게
올라 제일 맛있어요.

1 재첩 씻기
재첩을 소금물에 담가 1~2시간 정도 해감시킨 뒤 바락바락 씻어둡니다.

2 재첩 끓이기
냄비에 물(5컵)을 붓고 재첩 입이 벌어질 때까지 바글바글 끓입니다.

3 이물질 제거하기
재첩 삶은 물은 베보자기에 걸러 이물질을 제거합니다.

 Special tip
칼국수를 넣고 재첩 칼국수로 먹거나 밥을 넣어 해장국으로 즐겨도 좋아요.

Special tip
재첩은 비타민B와 베타인, 메치오닌 등 아미노산이 풍부하고, 타우린이나 아미노산이 담즙산과 결합되어 해독작용을 합니다. 또 간 기능을 개선하는 필수 아미노산의 일종인 메티오닌, 미네랄이 들어 있어서 간염 및 지방간의 활성화를 통해 간 기능을 향상시켜 줍니다. 음주 후 숙취제거에 탁월한 효과를 지닌 비타민A, B, C 등 각종 무기질이 풍부하게 함유되어 있습니다.

4 재첩살 발라내기
재첩은 살만 발라 냄비에 담고 재첩 삶은 물을 부어 바글바글 끓여줍니다.

5 소금간하기
물이 끓어오르면 다진 마늘→부추→팽이버섯을 차례로 넣고 소금으로 간을 해주면 됩니다.

부추를 듬뿍 넣어 먹으면
숙취해소에 아주 좋아요.

콩나물 팍팍 무쳐 쫄깃한

아귀찜

마산에 가면 아귀찜 거리가 있대요. 나중에 꼭 한번 가 봐야겠어요. 마산의 아귀찜은 부산의 아귀찜과 달리 꾸덕꾸덕하게
말린 아귀를 사용하는 것이 특징이랍니다. 예전엔 아귀가 잡히면 못 먹는다고 버렸다는데 요즘은 값이 너무 비싸서 대구로
대신하는 곳도 많답니다.

요리재료

재료 | 아귀(1마리), 콩나물(1/2봉지), 미더덕(1봉지), 미나리(1/2단),
대파(2대), 청·홍고추(2개)씩, 찹쌀가루(4)
양념 | 아귀 삶은 국물(1/2컵), 고춧가루(4), 다진 마늘(2), 청주(2),
소금, 후추, 생강가루 약간씩

소금을 미리 뿌려두면 아귀가
꾸덕꾸덕해져서 씹는 맛이 좋죠.

콩나물을 데칠때 소금을 뿌려
재빨리 삶아야 비리지 않습니다.

3 아귀와 미더덕 데치기
냄비에 물을 붓고 손질한 아귀와 미더덕을 함께 넣고 데친 후 국물을 자작할 정도로 남기고 따로 따라내 걸러둡니다.

1 아귀 준비하기
깨끗이 손질한 아귀에 소금을 솔솔 뿌려 준비합니다.

2 콩나물 데치기
콩나물은 뿌리를 다듬어 끓는 물에 소금을 넣고 살짝 데쳐 건져주세요.

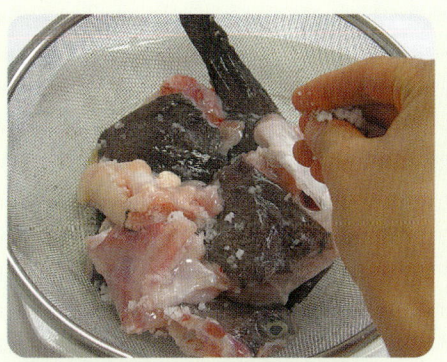  

Special tip

1 미나리는 4cm 길이로 썰고 대파, 청·홍고추는 어슷하게 썰어 준비해주세요.
2 마지막에 불에서 내리기 전에 참기름을 조금 넣고 뒤적여 주세요.

미더덕찜

재료 | 미더덕(2봉지), 모시조개(8개), 콩나물(1/2봉지), 느타리버섯(1줌), 미나리(1/2단), 청·홍고추(1개)씩, 찹쌀물(4)

느타리버섯 양념 | 소금, 후추, 참기름 약간씩

양념장 | 간장, 고추장, 고춧가루, 다진 파, 다진 마늘, 청주, 생강즙, 후추 약간씩

겨자장 | 갠 겨자, 간장, 설탕 약간씩

1 미더덕은 껍질을 벗기고 소금물에 씻어서 깨끗이 손질하여 칼로 끝을 터뜨립니다.
2 모시조개는 해감시킨 후 끓는 물에 넣어 입이 벌어질 때까지 살짝 데칩니다.
3 느타리버섯은 끓는 물에 소금을 약간 넣어 데쳐낸 후 물기를 빼고 결대로 찢은 다음 소금과 후추, 참기름을 넣어 버무리고, 청·홍고추는 어슷하게 썹니다.
4 콩나물은 머리와 꼬리를 떼어 다듬고, 미나리는 느타리버섯 길이와 맞춰 자릅니다.
5 양념장을 만듭니다.
6 냄비에 미더덕, 콩나물, 조개 삶은 물(1컵)을 넣고 끓이다가 양념장과 조개, 느타리버섯, 청·홍고추, 미나리를 넣고 끓인 다음 찹쌀물을 넣어 걸쭉하게 끓입니다.
7 겨자장을 준비하여 찜과 같이 냅니다.

4 익히기
3에 미나리, 대파, 콩나물, 고추를 얹은 후 양념장을 넣고 잘 뒤섞은 다음 찹쌀물을 넣어 걸쭉하게 농도를 조절하면서 익혀주세요.

찹쌀물은 찹쌀가루(4)에 아귀 삶은 물을
살짝 섞어 걸쭉하게 만들어 주세요.

전라도음식

전라도 음식은 풍부한 곡식과 해산물로 식재료가 풍부하여 음식이 발달하고,
고추장과 술맛이 좋아 상차림과 가짓수도 전국에서 제일이랍니다.
또 해안이 많아 젓갈이 다양하며 기후가 따뜻하여 음식의 간이 센 편이고,
고춧가루를 많이 써서 매운 맛이 특징입니다.

PART4

쫄깃함이 한입에 쏙

꼬막찜

조개는 지방이 적고 단백질이 풍부하여 담백한 맛을 내죠. 그중에서도 꼬막찜이 당연 으뜸입니다. 만드는 법도 간단하고 쫄깃한 조갯살을 쏙쏙 빼먹는 즐거움까지 맛보세요. 아이들에게는 양념장이 익숙치 않으면 삶아서 그냥 먹여보세요. 거부 감이 줄어들고 음식에 친근해집니다.

🧂 요리재료

재료 | 꼬막(1팩), 소금(1)
양념장 | 진간장(2), 풋고추(2개), 붉은 고추(1개), 다진 파(1), 다진 마늘(0.5), 깨소금(1), 참기름(0.5), 조개 국물 약간

108

1 꼬막 손질하기
깨끗이 씻은 꼬막은 하루 정도 미리 소금물에 담가 해감시켜 준비합니다.

2 양념장 만들기
분량의 양념장을 만들어 둡니다.

3 꼬막 삶기
꼬막은 끓는 물에 입이 벌어지게 삶은 다음 껍데기를 한 장씩 떼어냅니다.

Special tip

1 너무 오래 삶으면 조갯살이 쪼그라져 질겨진답니다.
2 다 먹고 난 후 남은 양념장에 밥을 비벼 먹어도 맛있습니다.

Special tip

꼬막은 삶을 때 잘못 삶으면 입이 벌어져 맛있는 물이 빠져나오는 경우가 많습니다. 삶을 때 물을 넉넉하게 냄비에 붓고 물이 막 끓어 오르기 전에 꼬막을 넣어 한쪽 방향으로 계속 저어줍니다. 꼬막껍질을 벗길 때는 숟가락을 꼬막의 올록볼록한 부분에 넣고 비틀면 쉽게 껍질을 벗길 수 있습니다.

꼬막은 소화흡수가 잘 되고 고단백, 저지방의 알칼리성 음식으로 허약한 체질의 회복식품과 빈혈예방과 어린이 성장발육에 좋은 건강식품으로 알려져 있습니다.

4 담아내기
껍질을 한 장씩 떼어낸 꼬막은 그릇에 담아 그 위에 양념장을 조금씩 얹어 내면 됩니다.

입에 쩍쩍 붙는 떡

떡갈비

임금님의 체통을 살리기 위해 갈비살을 다져서 만들었다는 음식입니다. 체통이 뭐냐구요? 임금 체면에 낑낑 대면서 갈비살
을 뜯기는 뭐하단 말이죠. 그래서 갈비 느낌을 준 것이랍니다. 어린이나 이가 약한 노인들에게 인기만점이죠. 요새는 시중
에서도 판매가 많이 되고 있는데 집에서 직접 한번 만들어 보세요.

🧂 요리재료

재료 | 갈빗살(1근), 새송이버섯(2송이)
갈비양념 | 진간장(4), 다진 파, 설탕(2)씩, 참기름,
다진 마늘(1)씩, 후추, 깨소금 약간씩

다진 쇠고기를 사는 것보다는 덩어리를 사서 직접 다지는게 씹히는 맛이 있어 좋답니다.

갈비살에 양념이 잘 배도록 1시간 정도 재웠다가 사용하세요.

갈비살을 새송이버섯에 붙일 때 너무 두꺼우면 겉만 타고 속은 잘 안 익을 수 있으니 주의하세요.

1 갈비살다지기
준비한 갈비살은 칼로 곱게 다져 줍니다.

2 양념 넣고 치대기
분량의 양념을 넣고 잘 치댄 다음 1시간 정도 둡니다.

3 모양내기
새송이버섯을 편으로 잘라 양념한 갈비살을 두툼하게 붙여주세요.

Special tip

1 떡갈비는 굽자마자 뜨거울 때 먹어야 제 맛을 볼 수 있어요.

2 그릇에 담아낼 때 청·홍고추를 얇게 썰어 올려주면 더 먹음직스럽죠.

4 굽기
달군 석쇠에 호일을 두르고 기름을 살짝 발라 고기를 얹고 타지 않게 앞뒤로 구워주세요.

센 불에서 굽다가 겉 표면이 익으면 불을 줄여 기호대로 구워주세요.

새콤하고 담백한

바지락 회무침

국을 끓일 때 주로 사용하던 조개인 바지락을 가지고 무침을 만들어 보았습니다. 사실 정말 신선한 조개는 계절만 맞는다면 회로 먹으면 별미랍니다. 백합 같은 조개말이죠. 미나리 향이 가득, 바다냄새가 가득한 새콤달콤한 바지락 회무침 한 접시면 손님접대 술안주로도 그만이랍니다.

🧂 요리재료

재료 | 바지락(2컵), 미나리(1/4단), 오이, 양파(1/2개)씩, 청 · 홍고추(2개)씩, 통깨 약간

양념장 | 고추장, 설탕, 식초(4)씩, 고춧가루(2), 통깨, 다진 마늘(1)씩, 참기름, 소금 약간씩

1 바지락 씻기

바지락은 겨울엔 생으로 여름엔 데쳐서 사용하세요.

바지락살은 흐르는 물에 여러 번 흔들어 씻어 건져둡니다.

2 미나리 썰기

미나리를 씻을 때 식초 물에 담가두면 벌레가 쉽게 씻겨져 나갑니다.

손질한 미나리는 4cm 길이로 썰어 줍니다.

3 야채 썰기

깻잎을 채 썰어 넣으면 더욱 향긋하고 맛있어요.

오이, 양파, 고추도 채 썰어 바지락, 미나리와 함께 담아 준비합니다.

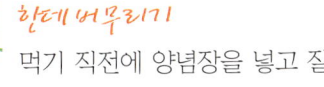

조개 해감 시키기

Special tip

조개를 엷은 소금물에 담가 어두운 곳에서 하룻밤 정도 두거나 신문지로 덮어 해감을 시키세요. 해감이 빠져나와 바닥에 가라앉게 됩니다. 그런 다음 솔로 껍질 겉에 붙어 있는 이물질을 닦아내세요. 마지막으로 깨끗한 물에 여러 번 헹구면 됩니다. 바지락의 경우 맹물에서 해감을 빼야 하니 성긴 체에 바지락을 넣고 물에 담가 신문지를 덮어 어둡게 해주세요. 도중에 몇 번 물을 갈아주면 저절로 해감이 제거됩니다. 재첩이나 홍합 같은 조개류는 특별히 해감을 뺄 필요가 없으니 표면에 묻은 이물질만 깨끗하게 닦아내세요. 조개를 쓰지 않고 조갯살을 쓸 경우에는 엷은 소금물에 체를 이용해 살살 흔들어 씻어주세요. 손으로 씻으면 조갯살이 뭉개질 수 있으니까요.

4 한데 버무리기

먹기 직전에 양념장을 넣고 잘 버무려 그릇에 담아 통깨를 솔솔 뿌려냅니다.

식초를 넣어 양념장을 만들었기 때문에 먹기 직전에 버무려야 아삭하고 신선한 맛을 즐길 수 있어요.

바지락 두부조림

재료 | 두부(1모), 바지락살(2컵), 풋고추(1개), 밀가루 약간

조림장 | 국간장(0.5), 물(1+1/2컵), 고춧가루(0.5), 다진 마늘, 다진 파(1)씩, 후추, 참기름 약간씩

1 바지락은 엷은 소금물에 흔들어 씻어 체에 건져 놓습니다.

2 두부는 3×4cm 크기로 썰고 밀가루를 살짝 묻혀 노릇하게 굽습니다.

3 분량의 재료로 조림장을 만들어 냄비에 두부와 바지락, 어슷하게 썬 풋고추를 넣고 조림장을 부어 한소끔 끓여냅니다.

Part 4 | 전라도 음식　**113**

원기회복을 위한

백합죽

백합은 다른 말로는 상합이라고도 한답니다. 그야말로 조개 중에서는 귀하기가 왕 같다는군요. 살아 있는 갯벌의 보물이라는 백합을 가지고 만든 백합죽이에요. 위에 부담이 없어 아침식사로도 좋고 숙취와 원기회복에도 좋은 그런 음식이지요. 백합은 요즘은 구경하기가 점점 힘들어지는 재료 중 하나랍니다.

요리재료

재료 | 양파, 당근, 애호박(1/2개)씩, 팽이버섯(1/2봉지), 양송이버섯(2개), 백합살(2봉지), 불린 찹쌀(2컵), 참기름, 소금, 구운 김, 깨소금 약간씩, 물(4컵)

백합살은 흐르는 물에 살살 흔들어서 깨끗이 씻어 건져 주세요.

1 재료 다지기
손질한 채소와 버섯은 잘게 다져서 준비합니다.

2 백합살 썰기
백합살은 잘 씻어 끓는 물에 데치듯이 살짝 삶은 다음 잘게 썰어줍니다.

3 야채 볶기
고소함을 더하기 위해 팬에 참기름을 살짝 두르고 준비한 채소와 버섯을 넣어 볶아줍니다.

Special tip

백합의 성분은 체내로 들어가면 심장이나 폐장의 여분의 열을 해소해 기능을 높인다고 하여 예부터 주로 심, 폐의 질환 치료에 많이 사용되고 있어요. 또 콜레스테롤 제거하는 효능을 지닌 타우린이 다량 함유되어 있어 천연 건강식품으로 인기가 높은 조개류입니다.

4 한소끔 끓이기
냄비에 물을 붓고 불린 쌀을 넣어 한소끔 끓이다가 백합살을 넣어 걸쭉하게 끓여줍니다.

물 대신 육수를 사용하면 더 진한 맛이 나지요.

5 고명 얹기
마지막으로 그릇에 담아 구운 김과 깨소금을 얹어주면 됩니다.

싱거울 땐 소금으로 간을 보세요. 먹기 직전에 달걀 노른자를 얹어 비벼 먹어도 맛있어요.

새우젓으로 맛을 낸 시원한
콩나물국밥

콩나물국밥은 다른 양념들과 달리 새우젓으로 간을 해 담백한 맛이 깊다는 것이 특징입니다. 과음한 다음날 얼큰한 콩나물국밥 한 그릇이면 속풀이에 딱! 이보다 좋을 수 없어요. 전주에 가면 전통적으로 맛있는 콩나물국밥집이 많이 있습니다. 전주의 콩나물이 유명한 이유는 전주의 물이 좋은 탓입니다.

🧂 요리재료

재료 | 콩나물(1봉지), 북어포(1/2개), 국멸치(5개), 실파(1/2대), 새우젓(1), 붉은 고추(2개), 다진 마늘(1)

잘게 자른 북어포는 물에 살짝 불려 가시를 미리 발라주세요.

매운 맛이 좋다면 청양고추를 송송 썰어 얹어 주세요.

1 국물내기

잘게 자른 북어포와 멸치를 뚝배기에 담고 끓여줍니다.

2 콩나물 넣기

뽀얗게 국물이 우러나면 멸치는 건져내고 손질한 콩나물을 넣어줍니다.

3 실파얹어 끓이기

콩나물이 한숨 죽으면 송송 썬 실파를 얹어 끓입니다.

Special tip

1 기호에 따라 고춧가루를 추가해도 무방합니다.
2 잘 익은 깍두기와 곁들여 내면 일품이죠.

콩나물국밥의 국도 두 가지가 있습니다. 하나는 국물에 달걀을 풀어서 뚝배기에 보글보글 끓는 상태로 내오는 방법과 또 한 가지는 달걀을 풀지 않은 맑은 국물에 끓인 콩나물국입니다. 콩나물은 줄기가 희고 짤막하고 통통하면서 잔뿌리가 없는 것이 맛이 있습니다. 마지막에 새우젓으로 간을 해야 국물이 시원합니다. 달걀을 국밥 위에 직접 풀지 말고 공기에 달걀을 깨뜨려 중탕으로 달걀을 익혀 참기름을 넣어 먹어도 맛있습니다.

4 새우젓으로 간하기

마지막에 다진 마늘과 새우젓으로 간을 보고 불에서 내린 후 상에 내기 전 고추를 썰어 고명으로 올립니다.

먹기 직전에 달걀(1개)을 깨뜨려 얹어 주면 더욱 맛있답니다.

빨갛게 무친 이색 잡채

콩나물잡채

잡채하면 생각나는 당면이 쏙 빠진 이색 잡채 한번 만들어 보세요. 여러 야채들을 넣어 만들면 아삭아삭하고 매콤한 맛을 즐길 수 있고 밥반찬으로도 좋아요. 콩나물 특유의 아삭거림으로 색다른 미각을 선물할 것입니다.

요리재료

재료 | 콩나물(1봉지), 미나리(1줌), 당근(1/2개), 무(1/6개), 붉은 고추(2개)

양념장 | 식초, 설탕, 고춧가루(4)씩, 다진 마늘, 통깨, 겨자(1)씩, 생강가루 약간

오이나 다른 아삭한 야채를
첨가해도 맛있어요.

콩나물은 굵은 것으로 준비해
소금을 넣지 말고 데쳐 찬물에
씻어 건져주세요.

1 야채 썰기

깨끗이 씻은 무, 당근, 붉은 고추는 길게 채 썰고 미나리는 5cm 길이로 썹니다.

2 콩나물 데치기

콩나물은 다듬어 끓는 물에 살짝 데쳐 건져서 찬물에 헹궈주세요.

3 고춧물 들이기

채 썰어 둔 무와 당근은 고춧가루를 넣어 미리 붉게 물들입니다.

콩나물 무침

재료 | 콩나물(1/2봉지)

양념 | 다진 마늘, 깨소금, 참기름, 다진 파(1)씩, 소금, 고춧가루 약간씩

1 콩나물을 다듬어 깨끗이 씻어 물과 소금을 약간 넣고 뚜껑을 꼭 덮어 익힙니다. 중간에 뚜껑을 열면 비린내가 나므로 주의하세요. 데친 콩나물을 재빨리 찬물에 씻어 물기를 뺍니다. 찬물에 씻어야 아삭아삭한 맛을 느낄 수 있습니다.

2 양념을 모두 섞어 고루 무칩니다.

4 한데 버무리기

3에 콩나물, 미나리, 붉은 고추를 함께 넣고 양념장에 골고루 버무려주면 됩니다.

먹기 직전에
버무려야 아삭한 맛을
느낄 수 있어요. 통깨를 듬뿍 뿌려
고소한 맛을 더하세요.

팥과 칼국수의 궁합

팥 칼국수

팥죽은 들어봤어도 팥 칼국수는 생소한 음식일지도 모르겠네요. 하지만 전주 사람들에게는 비빔밥만큼이나 잘 알려진 음식이라는군요. 구수하고 걸쭉한 팥 국물에 쫄깃한 칼국수의 맛까지 한번에 맛보세요. 따끈한 감촉이 겨울철을 이겨내는 별미랍니다.

요리재료

재료 | 팥(2컵), 밀가루(3컵), 우유(1/2컵), 소금, 설탕 약간씩

팥을 깨끗이 씻어 돌이나 이물질을 제거하고 미리 불려 뒀다 사용하세요.

반죽에 우유를 넣으면 쫄깃쫄깃한 면발을 맛볼 수 있답니다. 식용유를 넣어주면 서로 달라붙지 않아요.

1 팥삶기

냄비에 물을 넉넉히 붓고 팥이 부드럽게 으깨질 때까지 삶아주세요.

2 반죽하기

밀가루에 소금을 약간 넣고 우유를 부어가며 차지게 반죽해 냉장고에 넣어 미리 숙성시키세요.

3 체에 으깨기

삶은 팥은 체에 으깨어 곱게 내려 준비하세요.

Special tip

1 팥물의 농도가 너무 짙으면 물을 섞어가며 농도를 맞춰주세요.

2 기호대로 소금이나 설탕으로 간해서 드세요.

3 팥을 그냥 삶으면 떫은 맛이 나므로 한소끔 끓인 뒤 그 물을 버리고 새로운 물로 팥이 터질 때까지 무르게 다시 삶아야 합니다.

4 찹쌀 옹심이는 찹쌀을 불린 다음에 방앗간에 가서 가루로 빻아 달라고 하세요. 옹심이는 익반죽해야 합니다.

4 면 만들기

숙성시킨 밀가루 반죽을 밀대로 밀어 밀가루를 뿌려가며 돌돌 만 후 굵게 채 썰어 면발을 만들어 줍니다.

5 끓이기

팥물을 한 번 더 팔팔 끓인 다음 면을 함께 넣고 저어가며 타지 않게 익혀주면 됩니다.

찹쌀 옹심이를 곁들여도 맛있답니다.

제주도음식

제주도 음식은 대체로 간이 짠 편이고 재료가 가지고 있는 고유의 맛을 살리는 게 특징이랍니다.
농사짓는 땅이 적어 쌀보다는 잡곡이 흔하며 콩, 보리, 조, 메밀, 팥, 감자, 고구마 등의 생산이 많고
제주도의 특산물인 전복과 귤은 임금님에게 진상하는 품목이었답니다.

PART5

밥도둑 잡아랏!

갈치 무조림

보글보글 끓는 냄새에 한 번, 진한 국물에 또 한 번 반한답니다. 냄비 깊숙이 양념을 먹은 무는 갈치의 비린 맛을 없애주며 달콤한 맛을 더해줍니다. 칼칼하고 감칠맛나는 갈치 무조림이 자꾸 먹고 싶어지네요.

요리재료

재료 | 손질한 갈치(1마리), 무(1/4개), 청 · 홍고추(2개)씩, 대파(1대), 감자(1개), 다시마(1장), 물(2컵)

양념 | 간장(3), 고춧가루(4), 물엿(0.5), 다진 마늘(1), 청주(1), 깨소금(0.5), 생강가루 약간

살 때 소금간이 되어있는지 물어보세요.

무와 감자를 넣기 전 냄비에 식용유를 살짝 발라주면 눌러 붙지 않고 쉽게 타지도 않는 답니다.

1 갈치에 간하기

갈치는 깨끗이 씻어 소금을 뿌려 미리 간을 해줍니다.

2 감자와 무 넣기

감자와 무는 1cm 두께로 썰어 냄비에 깔고 다시마를 넣고 물을 부어 끓입니다.

3 갈치 얹기

감자와 무가 어느 정도 익으면 갈치를 살짝 헹궈 함께 넣고 끓여줍니다.

Special tip

갈치 껍질에 묻어 있는 은백색의 색소는 소화도 되지 않고 영양학적 가치도 없으므로 비늘을 긁어내세요. 갈치 비늘에는 구아닌이라는 성분이 들어 있습니다. 갈치회를 먹을 때 이 구아닌을 잘 처리하지 않고 먹으면 복통과 두드러기가 일어날 수 있으므로 주의해야 합니다. 갈치는 단백질이 많고 지방이 알맞게 들어 있어 맛이 좋습니다. 특히 당질이 들어 있어 고유한 풍미가 있으며, 다른 생선과 마찬가지로 칼슘에 비해 인산 함량이 많은 산성식품이므로 채소와 곁들여 먹으면 좋습니다.

4 양념장 얹어 조리기

준비한 양념장을 얹고 청·홍고추와 대파를 어슷썰기해 함께 넣어 중불에서 은근하게 조려주세요.

양념장을 한 번에 다 넣지 말고 2~3번에 나눠 넣으면서 조려줍니다. 처음엔 센 불로 졸이다가 국물이 끓으면 불을 줄여 중간 불로 조려주세요. 갈치살이 으깨질 수도 있으니 주의하세요.

요리 속의 요리

고등어 무조림

재료 | 고등어(1마리), 무(1/4개), 대파(1/2뿌리), 양파(1/2개), 풋고추(2개)

조림장 | 진간장(3), 설탕, 고춧가루(0.5)씩, 된장(0.2), 다진 마늘(1), 다진 생강, 다진 마늘, 후추 약간씩

1. 고등어는 배를 가르지 말고 머리를 잘라 아가미로 내장을 빼내고 3토막을 낸 뒤 흐르는 물에 깨끗이 씻어놓습니다.

2. 무는 1cm 정도의 두께로 큼직하게 반달썰기하고, 양파도 무 두께 정도로 큼직하게 썹니다. 풋고추와 대파도 어슷하게 썰어놓습니다.

3. 분량대로 조림장을 만듭니다.

4. 냄비에 무를 먼저 깔고 그 위에 고등어를 얹고 고추와 대파, 양파도 얹고 조림장을 끼얹었어요. 조림장을 한꺼번에 넣지 말고 끼얹어가면서 조려주세요.

5. 처음에는 센 불에서 뚜껑을 열고 끓이다가(센 불에서 뚜껑을 열고 끓여야 비린 맛이 날아갑니다) 한소끔 끓은 후 중불에서 국물이 자박자박해질 때까지 간이 배도록 끓여주면 됩니다.

독특한 풍미의 생선국

갈치 호박국

'생선으로 국을 끓이면 비린내가 나지 않을까?' 하는 걱정은 붙들어 매고 한번 만들어 보세요. 고실갈치(가을철에 나는 갈치), 고실호박(가을철의 늙은 호박)이 최고입니다. 갈치 호박국의 오묘하고도 깊은 맛을 보면 그 맛에 푹 빠져들어요.

🍶 요리재료

재료 | 갈치(2마리), 늙은 호박(1/4개), 풋고추, 붉은 고추(2개)씩,
다진 마늘(1), 국간장(1), 물(3컵), 소금 약간

여름에는 호박 대신 속은 배추를 넣기도 한답니다. 전 늙은 호박 대신 단호박을 이용하기도 해요.

1 호박썰기
어느 정도 등분을 낸 늙은 호박은 속을 파내고 껍질을 벗겨 한입 크기로 썰어줍니다.

2 갈치 넣고 끓이기
냄비에 물을 붓고 끓어오르면 토막낸 갈치를 넣어줍니다.

3 호박 넣고 끓이기
다시 한 번 끓으면 호박도 마저 넣어줍니다.

Special tip

갈치는 살이 도톰한 것으로 준비해 깨끗이 씻어주세요.
아무리 싱싱한 생선이라도 약간의 비린내는 있기 마련입니다. 양념할 때 생강, 술 등을 넣으면 냄새를 제거할 수 있으며 특히 붉은살 생선을 조릴 때는 고추장을 섞거나 깻잎처럼 향이 강한 야채를 함께 조리면 서로의 맛이 전해져 비린 맛이 없어집니다.

Special tip

해물 맛있게 먹기

1 해물을 오래 끓이면 해물이 질겨지므로 오래 끓이면 안 됩니다.

2 비린 맛을 없애기 위해 양념을 진하게 합니다. 해물탕은 마늘, 생강 등의 양념을 많이 넣어 오래 끓일수록 시원하면서 진한 맛이 납니다.

3 생선 매운탕에는 야채를 많이, 해물 매운탕에는 야채를 적게 넣습니다. 생선으로 매운탕을 끓일 때에는 무, 호박, 콩나물, 쑥갓 등 시원한 맛이 우러나는 야채를 넉넉히 넣어야 시원한 맛이 충분히 우러나지만 해물을 주재료로 끓일 때에는 해물 자체에 시원한 맛이 있으므로 야채를 적게 넣고 해물로 맛을 내야 좋습니다.

4 애호박, 풋고추 등은 나중에 넣어야 합니다. 오래 끓이면 흐물흐물해지는 애호박이나 색이 변하는 풋고추, 미나리, 쑥갓 등은 나중에 넣어야 다 끓인 후에 찌개가 지저분해지지 않고 푸른색이 돌아 한결 식욕을 돋웁니다.

5 생선알을 넣을 경우에는 알은 처음부터 찬물에 넣고 끓여야 특유의 감칠맛이 국물에 그대로 우러납니다.

4 간해주기
다진 마늘과 붉은 고추, 풋고추를 썰어 넣고 소금과 국간장으로 간을 합니다.

매콤하게 먹고 싶으면 청양고추를 썰어 넣으세요. 뜨거울 때 먹어야 비린내가 나지 않고 감칠맛을 느낄 수 있습니다.

메밀로 만든 이색수제비
메밀수제비

메밀은 변비나 고혈압에도 좋으며 특히나 정신을 맑게 하고 기운을 보호하는 효능이 있어 수험생들에게 좋답니다. 평소에
수제비를 좋아한다면 오늘 점심은 가볍게 메밀수제비는 어떠세요?

요리재료

재료 | 메밀가루(2컵), 감자(1개), 애호박(1/2개), 다시마(5장),
국멸치(10마리), 대파(2뿌리), 다진 마늘(1), 물(6컵), 소금 약간

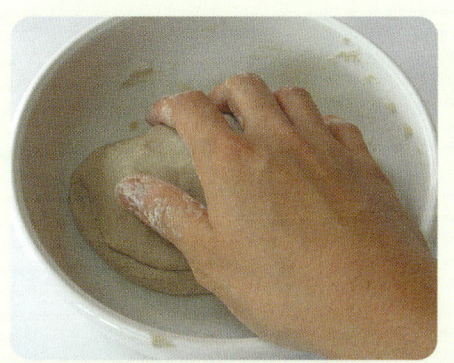

익반죽 한 후 한시간동안 냉장고에서 숙성시키면 쫄깃해요.

1 반죽하기
메밀가루에 뜨거운 물을 조금씩 부어가며 익반죽을 합니다.

2 육수내기
냄비에 물을 붓고 다시마와 국멸치를 함께 넣고 물이 끓어오르면 다시마를 건져내고 마저 10분 정도 끓인 후에 멸치를 건져 육수를 준비합니다.

3 한소끔 끓이기
육수가 끓어오르면 애호박과 감자를 가늘게 채 썰어 넣고 한소끔 끓여줍니다.

4 반죽 떼어 넣기
감자가 살짝 익으면 반죽을 적셔가며 얇게 떼어줍니다. 마지막으로 다진 마늘과 대파를 썰어 함께 넣고 소금으로 간해주면 됩니다.

수제비가 떠오르면 익은 거랍니다. 메밀가루를 익반죽 하기 때문에 너무 익히면 퍼집니다.

Special tip

1 그릇에 담아 김(1장)을 구워 부셔서 넣어도 맛있습니다.

2 멸치는 머리와 내장을 제거하고 넣어주세요.

3 고명으로 붉은 고추를 얹어주면 먹음직스럽겠죠.

4 후추나 청양고추로 매콤한 맛을 내주어도 좋아요.

Special tip

다양한 국물 내기

다시마 국물내기
도톰하고 흰가루가 골고루 퍼져 있는 진한 색의 다시마를 골라 젖은 면보로 흰가루를 닦아낸 후 찬물에 30분~1시간 정도 푹 담가 사용하세요. 다시마를 담근 물과 다시마를 함께 넣고 2분 정도 끓이다가 체에 거른 물을 사용하면 시원한 다시마 국물을 얻을 수 있습니다.

멸치 국물내기
멸치는 은빛이 나는 장국용으로 준비해 똥과 머리를 떼어내고 냄비를 뜨겁게 달군 뒤 손질한 멸치를 넣고 센 불에서 달달 볶아서 사용하세요. 손질한 멸치에 물을 붓고 15분 정도 끓인 후 청주(1)를 넣고 체에 걸러 맑은 국물만 사용하면 비린 맛이 없는 멸치 국물을 맛볼 수 있습니다.

무, 표고버섯 국물내기
무는 큼직하게 토막을 내고 표고버섯은 밑동만 잘라서 냄비에 넣고 물을 부어 끓이세요. 무는 건져 먹기 좋은 크기로 납작하게 썬 뒤 국물에 넣어 함께 끓이고 표고 밑동은 건져냅니다. 버섯 밑동은 버리지 말고 냉동실에 모아뒀다가 쇠고기 장조림 하듯 장조림을 하면 쫄깃한 맛이 쇠고기 장조림 못지 않습니다.

빙빙 말아보아요

빙떡

만드는 재미도 쏠쏠하고, 먹는 재미도 쏠쏠한 빙떡입니다. 제주도의 전통음식으로 명절 때 즐겨먹어요. 메밀의 담백함과
무의 달콤한 맛이 어우러져 독특한 맛을 느낄 수 있어요. 제주의 옛 정취를 그대로 담아낸 담백한 맛의 빙떡.
제주의 독특한 맛을 느낄 수 있어 씹을수록 구수해요.

🧂 요리재료

재료 | 메밀가루(2컵), 무(1/6개), 실파(1뿌리), 통깨,
참기름(1)씩, 소금 약간, 팥(1컵), 설탕(2)

130

예쁘게 말아주기 위해 메밀전의 두께가 중요해요.
너무 얇지도 두껍지도 않게 부쳐주세요.
프라이팬에 기름을 두르고 휴지로 한번 닦아낸 다음
부치면 예쁘게 부쳐져요.

1 팥앙금 만들기

팥은 끓는 물에 팥이 부드럽게 으깨질 때까지 삶아 체에 걸러 앙금만 가라앉혀 설탕을 넣고 조려둡니다.

2 무 양념하기

무는 채 썰어 살짝 데친 후 물기를 빼 참기름, 소금, 통깨, 실파를 넣고 조물조물 무쳐둡니다.

3 메밀전 부치기

메밀가루는 묽게 반죽해 동그랗게 부쳐냅니다.

팥앙금 내기 Special tip

한 컵 분량의 팥에 1.5배의 물을 붓고 끓인 후 물은 따라 버리고 다시 10배의 물을 붓고 팥이 무를 때까지 삶습니다. 불에서 내려 손으로 주무르면서 체에 걸러 팥찌꺼기와 물을 따라 버리면 고운 팥앙금을 얻을 수 있습니다.

4 무 얹어 말아주기

부쳐낸 메밀전 위에 무를 얹어 빙빙 말아 내면 빙떡 완성입니다.

5 팥앙금 얹어 말아주기

메밀전에 팥앙금을 얹어 빙빙 말아주세요.

Special tip

팥은 이뇨와 변통효과가 뛰어납니다. 껍질에 함유된 사포닌과 식이성 섬유에 의한 것으로 신장병, 심장병, 각기 등에 의한 부종이나 변비해소에 효과가 있습니다. 모유가 부족한 산모들이 삶은 팥에 소금을 조금 넣어서 먹으면 효과가 큰 것으로 예로부터 전래하여 왔습니다. 해독작용도 있으므로 체내의 알코올을 빨리 분해해 숙취를 완화할 수 있습니다.

동그랗게 부친 다음
사선으로 잘라 그릇에 담으면
더욱 맛있어 보이겠죠.

회복기 환자들을 위한 영양죽
옥돔죽

옥돔죽은 제주방언으론 생선죽이라고도 한대요. 옥돔이 조금 귀한 재료이긴 하지만 영양가가 높고 비린내는 적어 죽을 쑤기에는 딱 좋아요.

🧂 요리재료

재료 | 옥돔(1마리), 다진 표고버섯(5), 불린 쌀(4컵), 소금 약간, 달걀노른자(1개)

1 옥돔 삶기
냄비에 옥돔을 통째로 담아 물을 붓고 살이 익을 때까지 끓여준 뒤 살만 건져내 먹기 좋게 발라줍니다.

2 국물 걸러내기
옥돔을 삶아 건진 물은 버리지 말고 베보자기에 걸러 맑게 준비해 두세요.

3 끓이기
걸러낸 국물에 4시간 정도 불린 쌀을 넣고 쌀이 퍼지도록 끓여주다가 다진 표고와 발라놓은 옥돔살을 넣어줍니다.

눌지 않도록 저어주세요.

Special tip
불린 쌀은 미리 냄비에 참기름을 넣고 볶다가 옥돔 국물을 부어 죽을 쑤면 더 고소해요.

4 소금 간하기
마지막에 소금으로 간을 맞춰주세요.

5 달걀노른자얹기
그릇에 담아 달걀노른자를 얹어 통깨를 솔솔 뿌려 냅니다.

실파를 송송 썰어 고명으로 얹어도 좋아요.

바다를 뚝배기에 한아름
해물뚝배기

제주도의 해물뚝배기는 해물 된장찌개를 가리키는 말로 얼큰한 해물탕과는 아주 다른 맛을 낸답니다. 얼큰한 해물탕이
지겨울 때쯤 한번 도전해 보세요. 가족들 입맛 사로잡는 데 아주 좋아요. 꽃게, 오징어, 새우, 낙지, 오븐자기까지 모두 모두
총집합한 바다를 느껴보세요.

🧂 **요리재료**

재료 | 게(2마리), 미더덕(1봉지), 새우(8마리), 홍합(1줌), 쌀뜨물
(2컵), 무(1/6개), 고추장, 된장(4)씩, 대파(2뿌리), 호박(1/2개),
붉은 고추, 청고추(2개)씩, 다진 마늘(1), 생강가루 약간

새우는 내장을 제거한 후 껍데기째 씻고 꽃게는 반으로 잘라 내장을 제거하고 깨끗이 씻어 준비해주세요.

쌀뜨물로 끓이면 맛이 구수하답니다.

1 해물 손질하기
해물은 깨끗이 씻어 손질해 준비하세요.

2 야채 썰기
준비한 야채도 깨끗이 씻어 무는 나박썰기, 호박은 반달썰기, 고추와 대파는 어슷썰기합니다.

3 된장, 고추장 풀기
뚝배기에 쌀뜨물을 붓고 된장과 고추장을 잘 풀어 넣어줍니다.

Special tip

오분자기, 성게알 등을 추가하면 아주 고급스런 맛을 낼 수 있어요.

Special tip

해산물 손질하기

1 **꽃게** : 솔로 문질러 이물질을 깨끗이 닦아냅니다. 배의 삼각형 부분을 떼어낸 다음 등과 배 껍질 사이 공간에 손가락을 집어넣어 등 껍질을 분리시킵니다.

2 **새우** : 검은 내장은 등에 세로로 칼집을 넣거나 이쑤시개로 구멍을 내서 제거합니다. 내장을 빼내지 않으면 익힌 후 맛이 떨어집니다. 새우의 머리에는 단백질 성분과 특유의 감칠맛이 듬뿍 들어 있으므로 버리지 말고 함께 조리하세요. 머리를 떼고 해야 하는 요리라면 머리만 따로 모아 국물을 내세요.

3 **오징어** : 몸통 속으로 손을 집어넣어 다리와 내장을 꺼냅니다. 눈과 내장 부분은 잘라버리세요. 보관할 때도 미리 내장을 제거해두지 않으면 신선도가 떨어지고 속살이 누렇게 변합니다. 빨판은 손으로 세게 훑어 떼어냅니다. 껍질은 몸통과 벗겨진 껍질 사이에 굵은 소금을 묻힌 후 키친타월로 껍질을 잡아서 벗겨 내리면 쉽게 벗겨낼 수 있습니다.

4 **낙지** : 머리를 살짝 들어올린 뒷다리를 쭉 빼내면 내장이 따라 나오므로 제거하면 됩니다. 먹물과 내장이 연결된 막을 잘라내고 눈알도 도려냅니다. 낙지는 굵은 소금을 듬뿍 뿌려 박박 문질러 씻은 다음 찬물로 헹구세요. 거품이 어느 정도 없어지면 밀가루를 뿌려서 다시 조물조물 주무른 후 헹궈주면 이물질이 말끔히 제거됩니다.

4 한소끔 끓이기
물이 끓어오르면 손질해둔 해물을 넣고 한소끔 끓이다 야채를 넣은 후 다진 마늘과 생강가루를 마저 넣어 끓여주면 됩니다.

끓이면서 생기는 거품은 깨끗하게 걸어내며 끓여 주세요.

영양만점 몸보신

닭죽

고소한 맛에 소화가 잘 돼 어린이나 노약자에게 더할 나위 없이 좋은 보양식이랍니다. 마늘을 팍팍 넣어 더욱 구수한 닭죽 한번 드실래요?

요리재료

재료 | 닭살(1마리분량), 불린 쌀(2컵), 대파 (1대), 통마늘(4쪽), 실파(2뿌리), 대추(10알)

닭살 양념 | 소금, 참기름(0.3)씩, 후추, 통깨 약간씩

Special tip

1 먹기 직전 그릇에 담아 낼 때 실파나 부추를 송송 썰어 얹어주세요.

2 국물 있는 동치미나 나박김치와 곁들이면 더욱 맛있답니다.

1 재료 고아주기
대파와 통마늘 그리고 준비한 닭 살을 넣고 1시간 정도 푹 고아주세요.

닭 육수는 기름기를 제거해가면서 맑은 육수로 준비해주세요.

2 닭살 양념하기
잘 익은 닭살은 건져 잘게 찢어 미리 양념해두고 국물은 체에 걸러 따로 준비해두세요.

3 재료 넣고 끓이기
걸러 놓은 닭 육수에 닭살과 불린 찹쌀, 대추를 함께 넣고 쌀알이 푹 퍼질 때까지 끓여주면 됩니다.

약한 불에 쌀알이 푹 퍼지도록 죽을 쑨 다음 소금간은 먹기 직전에 해주세요.

향에 취해 맛에 취해

표고버섯 죽순볶음

식욕을 돋우며 빈혈에 좋고 당뇨·고혈압에도 좋다는 표고버섯이 향이 좋은 죽순과 만나 영양반찬으로 업그레이드 된답니다. 평소에 표고버섯 요리만 했다면 죽순도 준비해서 같이 만들어 보세요.

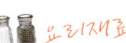
요리재료

재료 | 죽순(1개), 표고버섯(7개), 실파(2뿌리), 붉은 고추(1개)
양념 | 간장(1), 다진 마늘(0.5), 참기름, 설탕(0.3)씩, 소금, 후추 약간씩

표고기둥은 떼어내고 찌개를 끓일 때 사용하면 좋아요. 죽순은 빗살 모양을 살리면서 최대한 얇게 저며 썰어주세요.

1 재료 준비하기
죽순은 편으로 얇게 썰고, 버섯은 기둥을 잘라 2~3등분합니다.

2 재료 무치기
죽순과 버섯을 한데 담아 양념을 넣고 조물조물 무쳐주세요.

3 재료 볶기
달군 팬에 죽순과 버섯을 함께 넣고 실파와 함께 재빨리 볶아 붉은 고추를 얹어 마무리합니다.

마지막에 통깨를 뿌려 그릇에 담아 내주세요.

충청도음식

충청도 음식은 사치스럽지 않고 양념도 많이 쓰지 않는 것이 특징으로 담백하고 구수합니다.
또한 국물을 내는 데 고기보다는 여름에는 닭을,
겨울에는 특히 굴 같은 해산물을 쓰는 게 특징이랍니다.

PART6

굴밥

무를 넣어 시원한 영양

간단한 조리 방법으로 영양가 있는 한 끼 식사를 준비하세요. 굴은 소화도 잘 되고 성인병 예방에도 효과가 있답니다.
또 피부미용에도 좋은 거 아시죠? 10월 말부터 이듬해 초복까지 싱싱하게 굴을 즐겨보세요.

요리재료

재료 | 생굴(2봉지), 무(1/4개), 다싯물(4컵), 불린 쌀(4컵)
양념장 | 간장(3), 고춧가루, 참기름, 다진 파, 깨소금(1)씩,
설탕(0.3), 다진 마늘(0.5)

140

굴은 우유빛을 띠고 탄력있는
신선한 것으로 준비하세요.

밥물은 쌀과 동량으로 해주세요.
밥을 지을 때 다른 야채를 추가해도
좋답니다.

1 재료 손질하기

싱싱한 생굴은 소금물에 살살 흔들어 깨끗이 씻어 건져줍니다.

2 쌀 불리기

쌀을 하루 전에 미리 불려 준비해 두세요.

3 밥 짓기

냄비에 무를 채 썰어 깔고 불린 쌀을 엊어 다싯물을 붓고 밥을 짓습니다.

Special tip

굴은 소화가 잘 되기 때문에 어린이나 노약자에게 부담을 주지 않으며 빈혈과 간장병 환자의 체력회복에도 좋습니다. 또한 칼슘 흡수가 가장 빠른 식품입니다. 굴의 향긋함을 유지하기 위해서는 굴을 씻을 때 소금물에 재빨리 씻어야 향미를 잃어버리지 않고 제 맛을 즐길 수 있습니다. 굴 자체가 아삭한 맛이 없으므로 무와 당근과 같은 아삭거리는 채소와 무침을 해먹으면 굴의 향긋함과 아삭거림을 같이 느낄 수 있어 좋습니다. 무와 당근을 얄팍하게 나박썰기하고 고춧가루, 깨, 다진 파, 잘 씻은 굴을 넣고 까나리액젓이나 멸치액젓을 넣어 살살 무쳐주면 매콤하면서도 아삭거리는 굴무침을 맛볼 수 있습니다.

4 뜸들이기

밥물이 넘치고 뜸이 들 때 굴을 살짝 올려 뚜껑을 덮고 마저 뜸을 들여주면 됩니다.

밥이 다 되면 앞뒤로
섞어 그릇에 담아 실파를 송송 뿌려
양념장과 곁들여 내세요.

요리 속의 요리

굴전

재료 | 굴(1봉지), 달걀(2개), 밀가루(1/2컵), 참기름, 식용유, 소금, 후추 약간씩

초간장 | 진간장(1), 식초 약간

1 굴은 연한 소금물에 살살 흔들어 씻은 후 굴껍질을 골라낸 다음 체에 밭쳐 물기를 뺍니다.

2 달걀에 후추와 참기름을 넣고 잘 섞어 달걀물을 만듭니다.

3 밀가루에 굴을 묻힌 후 달걀물을 묻힙니다.

4 달궈진 팬에 식용유를 두르고 노릇노릇하게 지져 초간장과 함께 냅니다.

니들이 얼큰한 게 맛을 알아?
꽃게탕

얼큰하고 시원한 국물에 게살을 쏙쏙 빼먹는 재미가 있는 꽃게탕이에요. 어렸을 적 어머니가 살을 발라주시던 기억이 새록 새록 나네요.

요리재료

재료 | 꽃게(2마리), 호박(1/2개), 무(1/6개), 청 · 홍고추(1개)씩, 미나리(1줌), 대파(1뿌리), 콩나물(1줌), 된장, 고추장, 다진 마늘(1) 씩, 고춧가루(0.5), 물(4컵), 소금 약간

꽃게는 솔로 깨끗이 문질러 씻어 배 쪽의
삼각형부분을 떼어내고 2등분해주세요.

얼큰하게 즐기려면 청양고추를 넣고
끓여주면 돼요.

된장을 넣으면 꽃게의
비린 맛이 제거되는데 너무 많이
넣으면 국물 맛이 텁텁해져요.

1 꽃게 손질하기
꽃게는 깨끗이 손질해 사진과 같이 먹기 좋게 2등분합니다.

2 야채 준비하기
호박은 반달썰기, 고추와 대파는 어슷썰기, 무는 나막썰기한 다음 손질한 콩나물, 미나리와 함께 준비해둡니다.

3 양념 풀어 끓이기
냄비에 물을 붓고 고추장과 고춧가루, 된장을 풀고 한소끔 끓으면 다진 마늘과 무를 넣고 끓여줍니다.

1 간이 싱거우면 마지막에 소금으로 간을 보세요.

2 모시조개를 추가해 더욱 시원한 맛을 즐기세요.

3 꽃게탕 국물을 더욱 시원하게 하려면 멸치다싯물을 내서 끓이면 시원해요. 꽃게를 넣을 때 조개를 함께 넣으면 국물 맛이 훨씬 시원하고 개운합니다.

4 해물류를 끓일 땐 조리시간이 너무 길면 해산물이 질겨집니다. 꽃게탕을 너무 오래 끓이면 게살이 다 부서지고 야채가 물러져서 제 맛을 즐길 수 없으니 짧은 시간에 센 불에서 끓이세요.

꽃게의 암수 구별법
게의 배 쪽을 보면 아래 쪽에서 가슴 쪽으로 삼각형 모양의 딱지가 있는데, 가늘고 뾰족한 것이 수게고 넓고 둥근 것이 암게입니다. 날이 추워지기 시작하는 가을에는 알이 꽉 찬 암게가 맛있습니다. 알을 좋아한다면 암게를, 알보다 살을 좋아할 경우에는 수게를 고르세요.

4 꽃게 넣고 끓이기
꽃게를 넣고 나머지 야채를 마저 넣어 바글바글 끓여주면 됩니다.

버섯전골

버섯이란 버섯은 다 모였습니다. 고소하고 은은하고 깊은 맛의 버섯들이 주는 맛을 일품이랍니다. 몸에 좋은 갖가지 버섯을 넣어 고급스런 손님상을 차리는데 적격입니다.

🧂🧂 **요리재료**

재료 | 새송이버섯, 느타리버섯, 표고버섯, 팽이버섯, 양송이버섯(1/2봉지)씩, 쇠고기 양지머리(1/3근), 무(1/6개), 미나리(1/3단), 실파(3대), 청 · 홍고추(2개)씩, 양파(1/2개), 육수(3컵)

쇠고기 양념 | 간장(1), 다진 마늘(0.5), 참기름, 설탕, 후추 약간씩

버섯이나 야채는 기호에 따라
추가해도 무방합니다.

쇠고기는 양념을 하지 않고
샤브샤브로 즐겨도 맛있어요.

1 버섯 손질하기
버섯은 깨끗이 씻어 한입 크기로
보기 좋게 썰어 준비합니다.

2 쇠고기양념하기
쇠고기는 양념에 미리 조물조물
무쳐 재워둡니다.

3 야채 썰기
무는 나박썰고, 양파와 고추는 채
썰고, 미나리와 실파는 4cm 길이로 썰어
준비해주세요.

Special tip

1 싱거우면 국간장, 소금으로 간해 주
세요.

2 상 위에 냄비째 놓고 끓이면서 먹어야 제 맛
을 즐길 수 있어요.

겨자장 만들기
따뜻한 물에 겨자가루를 개어 30분 정도 실온
에 둡니다. 갠 겨자(1), 식초(1), 설탕(1), 간장
(0.3), 다진 마늘(1), 소금 약간을 넣고 설탕이 녹
을 때까지 잘 저어주면 됩니다.

4 빙 둘러 담기
전골 냄비에 갖은 재료를 예쁘게
돌려 담고 마지막에 양념한 쇠고기를 얹
어줍니다.

5 육수 부어 끓이기
준비된 냄비에 육수를 붓고 거품
을 걷어내면서 물이 끓어오르면 불을 줄
여 은근히 끓여주면 됩니다.

마지막에 겨자를 푼 간장과
함께 곁들여 버섯을 건져 찍어드세요.

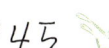

자연의 맛이 담긴

산채비빔밥

갖가지 나물을 얹어 고추장으로 양념장을 만들어 슥슥 비비면 둘이 먹다 하나 죽어도 모를 맛에 번거로움도 잊는답니다. 전주비빔밥과는 또 다른 맛이 느껴지는 요리랍니다. 산나물들이 가진 갖가지 맛을 느끼면서 한 숟가락씩 천천히 먹어보세요.

요리재료

재료 | 표고버섯(8개), 도라지, 고사리, 취나물(1줌)씩, 달걀(4개), 숙주(1/2봉지), 오이(1개), 밥(4공기)

고사리, 취나물 무침양념 | 다진 마늘(0.5), 간장(1), 들기름, 소금 약간씩

오이 양념 | 다진 마늘(0.5), 소금, 통깨, 참기름 약간씩

양념장 | 고추장(4), 물엿(0.5), 깨소금, 참기름(1)씩

146

1 숙주 양념하기

계절과 기호에 따라 나물을 추가하거나 빼도 돼요.

숙주는 끓는 물에 살짝 데쳐 참기름, 소금, 통깨를 조금씩 넣고 무쳐둡니다.

2 취나물 볶기

고사리와 취나물은 하루 전에 미리 물에 불려서 준비해주세요.

취나물은 물에 불려 끓는 물에 살짝 데쳐 건진 다음 양념해서 팬에 볶아둡니다.

3 고사리 볶기

도라지는 쓴맛을 우려낸 후 살짝 데쳐 간장, 참기름, 깨소금을 넣고 살짝 볶아주고, 달걀을 지단으로 부쳐 채썰어 얹어도 맛있답니다.

고사리도 취나물과 같이 물에 불려 끓는 물에 살짝 데쳐 양념해서 팬에 볶아주세요.

4 표고버섯 볶기

물에 씻은 표고버섯은 밑동을 잘라내고 채 썰어 기름을 두른 팬에 살짝 볶아 소금으로 간해줍니다.

5 오이 무치기

오이는 소금으로 문질러 씻은 다음 동그랗게 채 썰어 소금에 살짝 절여 오이 양념에 조물조물 무쳐주세요.

6 양념장과 함께 내기

그릇에 밥을 담고 갖가지 나물을 돌려 담아 달걀을 부쳐 얹은 후 양념장과 곁들여 내세요.

통깨와 참기름은 기호에 따라 추가해 드세요.

Special tip

1 산채비빔밥은 계절에 따라 나물의 종류를 바꿔가며 즐겨보세요.

2 비빔밥은 젓가락으로 섞어 드셔야 나물이 골고루 잘 어우러지고 뭉개지지 않습니다.

밥과 찰떡궁합 입맛 당기는

어리굴젓

굴을 젓갈로 숙성시키면 특유의 감칠맛이 살고 생굴보다 소화흡수도 잘 된대요. 뜨거운 밥에 살짝 올려 한입에 쏙 넣으면
입맛 당기는 데 선수랍니다.

요리재료

재료 | 생굴(3컵), 생강(1톨), 무(1/6개), 실파(2뿌리),
고운 고춧가루(1/2컵), 소금(4)

젓갈용 굴은 알이 적고
오돌토돌한 천연굴이 좋아요.

통마늘도 편으로
생강처럼 채 썰어 넣어도 좋아요.

1 굴 손질하기

생굴은 연한 소금물에 살살 흔들어 깨끗이 씻어 물기를 빼줍니다.

2 야채 썰기

무는 깍둑썰고, 실파는 송송 채 썰고, 생강도 잘게 채 썰어 준비하세요.

3 굴과 야채 버무리기

굴과 준비한 야채를 한데 섞어 고춧가루를 넣고 소금으로 간해서 잘 버무립니다.

Special tip

1 한꺼번에 너무 많이 담기보단 일주일 분량으로 담그세요.

2 굴을 소금에 담가 3~4일 삭혀 어리굴젓을 담그면 쫀득하니 맛있어요.

Special tip

어리굴젓은 굴에 있는 단백질의 분해작용으로 생굴보다 소화흡수에 더 좋습니다. 굴은 젓갈로 숙성됨에 따라 미생물의 발효 작용으로 특유의 감칠맛을 지니게 됩니다. 평온에서 3~4일 지나면 알맞게 익는데 빨리 익히려면 설탕을 조금 섞어 버무리면 됩니다. 어리굴젓을 담글 때는 큰 굴보다 작은 자연산 굴이 맛있습니다.

4 익히기

잘 버무린 재료를 항아리에 담고 뚜껑을 닫아 실온에서 2~3일 정도 익혀드세요.

빨리 익혀 먹으려면 설탕을
약간 섞어 주면 됩니다.

어죽의 색다른 버전
어죽수제비

어죽은 원래 민물고기로 끓여야 제 맛이지만 집에서 손쉽게 즐기기 위해 우럭을 사용했어요. 간혹 여름철에 맑고 오염되지 않은 강가로 가 천렵이란 걸 했습니다. 피라미나 작은 빠가사리, 동자개 같은 민물고기들로 끓인 어죽이나 매운탕은 그야말로 최고의 보양식이었답니다.

🧂 요리재료

재료 | 우럭(1마리), 대파(2뿌리), 통마늘(4쪽), 다진 마늘(1), 미림(1), 밀가루(2컵), 고추장, 고춧가루, 다진 파(2)씩, 후추, 소금, 생강가루 약간씩

냉장고에서 숙성시키면
쫄깃해져요.

우럭이 아닌 다른 생선 또는
민물고기를 사용해도 무방합니다.

생강가루를 조금 넣어주면 비린내도
없애주고 맛도 깔끔해요. 생선은 가시를 발라내고
살만 잘게 다지거나 갈아서 넣어주세요.

1 반죽하기
밀가루는 물을 조금씩 섞어가며 차지게 반죽한 뒤 1시간쯤 냉장고에 숙성시켜둡니다.

2 한소끔 끓이기
냄비에 먹기 좋게 손질한 우럭과 대파, 통마늘, 미림을 넣고 물을 부어 한소끔 끓여줍니다.

3 양념넣고 끓이기
통마늘과 대파는 건져내고 우럭은 건져서 살만 발라 살을 육수에 넣고 고추장과 고춧가루를 풀어 끓입니다.

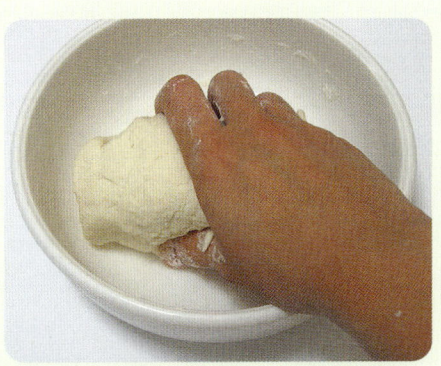

Special tip

생선의 비린맛 없애기

생선의 비린 맛을 없애기 위해 사용되는 것 중 일반적인 것이 레몬, 술, 소금입니다. 생선을 손질하기 전에 레몬즙을 뿌리고 나서 손질을 하게 되면 레몬의 강한 산성이 비린내의 성분을 중화시켜서 비린내가 나지 않습니다. 회를 먹을 때 레몬을 뿌려 먹는 이유가 여기에 있습니다. 술도 생선 요리를 할 때 넣으면 술의 향만 남고 알코올 성분은 날아가는데 이 때 비린내도 알코올 성분과 같이 날아갑니다. 가장 좋은 방법은 소금입니다. 생선에 소금을 뿌려서 재워놓은 다음에 깨끗하게 씻어서 사용해 보세요. 소금의 성분이 생선의 비린내를 빠져나가게 합니다. 어죽을 만들 때는 콩가루를 조금 넣어도 비린내가 사라지니 참고하세요.

4 반죽넣고 간하기
한소끔 끓으면 준비한 반죽을 얇게 뚝뚝 떼어 넣고 다진 마늘과 파를 넣고 후추와 소금으로 간합니다.

얼큰하게 즐기려면 청양고추를 썰어 넣으세요.
쑥갓, 깻잎 등 다른 야채를 추가하면 더 맛있는 요리가 되겠죠.

숙취해소에 그만인
올갱이국

맑은 물에서만 산다는 올갱이는 다슬기라고도 하지요. 더부룩한 속을 확 풀어주기도 하고, 숙취해소에 보약 같은 음식인 올갱이는 철분이 많이 함유되어 있어 빈혈에도 좋답니다. 충청도는 맑은 국강의 지류들에서 올갱이를 주워서 직접 끓여 볼 수도 있답니다. 여행가면 한번 도전해 보세요.

요리재료

재료 | 올갱이(2컵), 고추장(1), 아욱(1줌), 대파(1뿌리), 다진 마늘(1), 된장(0.5)

올갱이를 살살 돌려가며 핀셋으로
꺼내주면 잘 빠져요.

1 올갱이 해감시키기
올갱이를 하루 정도 깨끗한 물에
해감시켜 준비합니다.

2 올갱이 삶기
해감시킨 올갱이를 끓는 물에 5분
정도 삶아 이쑤시개 등을 이용해 살만 쏙
쏙 발라냅니다.

3 된장, 고추장 풀기
올갱이 삶은 물은 면보자기에 싸
서 이물질을 걸러내고 뚝배기에 담아 된
장과 고추장을 풀어 끓입니다.

Special tip
올갱이 알맹이를 발라내기 번거로우면
그냥 넣고 끓이세요. 대신 삶은 후에 이물질은
제거하고 사용해주세요.

4 한소끔 끓이기
한소끔 끓으면 다진 마늘을 넣고
미리 손질해둔 아욱과 채 썬 대파를 넣어
마저 끓여줍니다.

5 올갱이 넣고 끓이기
마지막에 올갱이 알맹이를 넣어
살짝 한 번 더 끓여내면 됩니다.

가을에는 아욱, 겨울에는 시금치, 봄과
여름에는 부추를 넣어 주면 좋아요.

올갱이 알맹이를 밀가루에
살짝 굴려 넣기도 한답니다.

항암효과에 탁월한 효자음식

청국장찌개

요즘은 집에서 청국장 만드는 기계로 많이들 만들어 드시죠? 청국장의 효능이 널리 알려져 웰빙 음식의 대표가 된 요즘 맛난 청국장 끓이는 비법을 소개합니다. 끓이면 냄새는 조금 나지만 맛은 역시 예나 지금이나 대단합니다.

🧂 요리재료

재료 | 청국장(2), 국멸치(4마리), 두부(1/2모), 대파(1뿌리), 청·홍고추(1개)씩, 신김치(1줌), 다진 마늘(1), 애호박(1/2개), 쌀뜨물(2컵), 소금 약간

청국장이나 된장으로
찌개를 끓일 때 쌀뜨물을 사용하면
구수한 맛을 낸답니다.

1 국물 끓이기
쌀뜨물에 멸치와 청국장을 넣고 함께 끓여줍니다.

2 야채 썰기
두부는 깍둑썰기, 대파와 고추는 어슷썰기, 호박은 반달썰기합니다.

3 신김치 넣기
국물이 바글바글 끓으면 송송 썬 신김치와 다진 마늘을 넣고 한 번 더 끓여줍니다.

Special tip

1 멸치는 미리 머리와 내장을 발라 준비하세요.
2 청국장을 마지막에 넣고 살짝 익히면 영양소 파괴가 적답니다.

Special tip

찌개 맛있게 끓이기
찌개를 맛있게 끓이려면 된장찌개와 김치찌개 등을 끓일 때는 맹물보다 쌀뜨물을 사용하면 진한 국물 맛을 느낄 수 있습니다. 센 불에 물을 팔팔 끓인 다음에 재료를 넣고 뚜껑을 덮어 끓여야 맛있습니다. 마늘은 제일 마지막에 넣어 끓이세요. 중간에 넣으면 거품을 걷어낼 때 따라 나갈 수 있으므로 마지막 단계에서 넣고 끓이는 것이 좋습니다.

청국장의 효능
1 변비 예방 : 엄청난 숫자의 바실러스균이 설사나 장염 등을 예방하며 변비를 막아줍니다.
2 항암효과 : 콩의 사포닌은 암을 억제하는 효과가 있으며 사포닌과 같은 식이섬유에는 유해성분이 장점막과 접촉하는 시간을 줄이고 유해성분을 흡착해서 독성을 약하게 하는 작용이 있습니다.
3 당뇨병 예방 : 청국장에 있는 비타민B2의 보급이 당뇨병 예방과 치료에 효과가 있습니다.
4 빈혈 예방 : 미네랄의 섭취와 철분을 공급함으로써 빈혈을 예방하는 데 좋습니다.

4 소금 간하기
김치가 무르익으면 준비한 호박, 두부, 대파를 함께 넣고 마저 끓인 다음 소금으로 간해주세요.

청·홍고추는 마지막에 썰어 넣어 간해서 끓여주세요.

시원한 무가 듬뿍 아삭한

콩나물무밥

물 맞추기 어려워 망설였던 콩나물밥을 시원한 무를 듬뿍 넣어 간편하고 자신 있게 한 끼 식사로 뚝딱 만들어 보아요. 양념장을 넣어 비벼 먹으면 꿀맛이랍니다.

🧂 요리재료

재료 | 콩나물(1봉지), 무(1/4개), 다진 쇠고기(1줌), 불린 쌀(4컵)
쇠고기 양념 | 진간장(1), 설탕(0.3), 다진 마늘(0.3), 참기름, 후추 약간씩
양념장 | 진간장, 다진 파, 다진 마늘, 고춧가루, 참기름, 참깨 약간씩

쇠고기가 없다면 콩나물만으로도
시원한 콩나물 무밥을 즐길 수 있답니다.

밥을 지을 땐 무에서 물이 나오기 때문에
밥물을 적게 잡아야 돼요. 쌀과 물의 비율(1:1)을
동량으로 해주면 돼요.

1 무 썰기

무는 콩나물 길이로 얇게 채 썰어 준비해 둡니다.

2 쇠고기 볶기

쇠고기는 미리 양념해 재워뒀다가 프라이팬에 살짝 볶아 준비해주세요.

3 밥짓기

채 썬 무를 냄비에 먼저 깔고 불린 쌀을 넣어 물을 붓고 밥을 짓습니다.

Special tip

시든 채소를 싱싱하게 하려면 넉넉한 그릇에 물을 붓고 약간의 식초와 설탕(0.6)을 넣고 채소를 담가두면 선명한 녹색이 되살아납니다.

4 콩나물 데치기

콩나물은 깨끗이 씻어 뿌리를 다 듬어 끓는 물에 살짝 데쳐 건져둡니다.

5 담아내기

밥이 다 되면 앞뒤로 고루 섞어 그릇에 담고 콩나물→쇠고기 순으로 얹어 양념장과 함께 내주세요.

마지막에 김을 구워 잘게
부숴 넣어도 맛있답니다.

평안도음식

평안도 음식은 추운지방으로 겨울음식이 발달하여 육류와 콩, 녹두 등으로 만든 음식을 즐기며
음식도 먹음직스럽게 큼직하고 푸짐하게 만든다고 합니다.
특히 평안도는 냉면과 특산물인 가지요리가 유명합니다.

PART7

시원하고 칼칼한

김치 냉국밥

시원한 동치미 국물에 김치의 새콤한 맛을 더해 밥을 팍팍 말아 먹고 나면 한여름 더위가 싸악 사라진답니다. 약간은 생소할 수도 있는 음식이지만 동치미 국물이 있다면 한번 만들어 보세요.

🧂 요리재료

재료 | 배추김치(2줌), 두부(2모), 밥(4인분), 동치미 국물 넉넉히
김치 양념 | 설탕(1), 통깨(1), 실파(2뿌리)
두부 양념 | 통깨, 참기름(1)씩
고명 | 붉은 고추(1/2개), 오이(1/2개), 달걀(1개)

김치는 적당히 신김치로
준비해야 새콤하니 맛있어요.

두부는
베보자기에 싸서 으깨 물기를
빼면 간단하지요.

1 김치 양념하기

김치는 잘게 썰어 분량의 양념과 송송 썬 실파를 넣고 조물조물 무쳐줍니다.

2 두부 양념하기

두부는 물기를 쏙 빼 으깨어 통깨와 참기름을 넣고 버무려주세요.

3 밥 식히기

밥은 찬물에 여러 번 씻어 더운기를 빼고 물기를 쏙 빼 그릇에 담아 놓습니다.

Special tip

1 동치미 국물에 육수나 닭 육수를 섞어 주면 더 깊은 맛이 나지요.

2 먹기 직전 얼음을 동동 띄워 내면 포인트가 되겠죠.

4 국물 붓어 고명얹기

그릇에 양념한 두부와 김치를 담고 동치미 국물을 부어 마지막으로 고명을 얹어내면 됩니다.

동치미 국물이 싱겁다 싶으면
간장이나 소금으로 간을 맞춰주세요.
고명으로 오이는 채 썰고, 달걀은 황색지단을
만들어주세요.

동치미 담그기

1 무청이 달려 있는 싱싱한 것으로 준비해 무청은 따로 떼어 놓고 깨끗하게 무를 씻습니다.

2 굵은 소금을 뿌려 항아리에 차곡차곡 담아 이틀 정도 절입니다.

3 가능하면 매운 고추 삭힌 것을 물에 씻은 다음 물기를 닦습니다. 물기가 남아 있으면 동치미에 하얗게 골마지가 끼니 말끔하게 닦아주세요.

4 양파는 껍질을 벗기고 깨끗이 씻어 윗부분에 열십자로 칼집을 넣고, 대파 뿌리는 깨끗이 씻어 놓고, 마늘은 한 쪽씩 떼어 칼등으로 치고, 배는 껍질째 깨끗이 씻어 4등분해 씨 부분만 도려내고, 생강은 껍질을 까서 어슷하게 썰어 면주머니에 한꺼번에 넣습니다.

5 항아리 맨 밑바닥에 삭힌 고추와 양념 주머니를 차례로 담고 절인 무를 담습니다. 무가 푹 잠길 수 있게 무거운 것으로 눌러두세요.

6 굵은 소금(2컵)을 고운 체에 담고 생수(30컵)를 조금씩 부어 소금물을 만듭니다. 수돗물을 사용할 때는 반드시 끓여서 식힌 물을 사용하세요. 동치미는 조금 짠 듯하게 담아야 상하지 않습니다. 짤 경우에는 먹을 때 생수를 넣어 간을 맞추면 됩니다.

옛 맛 그대로 구수한

되비지찌개

콩비지를 되비지라고도 한다지요? 콩을 되직하게 갈아 두유를 빼지 않았다고 해서 생겨난 말이라는군요. 어릴 적 어머니가
신김치를 달달 볶다가 콩비지를 함께 넣고 끓여주셨던 기억이 나는데 오늘은 구수하면서 칼칼한 평안도 식으로 한번 끓여
봤습니다.

🧂 요리재료

재료 | 콩비지(2컵), 돼지갈비(1/3근), 얼갈이배추(2뿌리),
소금(1), 붉은 고추(1개), 참기름, 물 약간씩
얼갈이배추 양념 | 새우젓(2), 다진 마늘(1), 참기름(0.3)

돼지고기 씹히는 맛이 싫으면
갈은 돼지고기나 고기를 빼고
끓여도 무방해요.

얼갈이배추 대신 신김치를 먹고 싶은 분들은
돼지고기를 볶다 신김치를 함께 넣고 타지 않게
마저 볶아준 뒤 비지를 넣어 주면 되요.

1 고기 다지기

준비한 돼지고기는 찬물에 미리 담궈 핏물을 빼고 먹기 좋게 다져줍니다.

2 고기 볶기

뚝배기에 참기름을 살짝 둘러주고 돼지고기를 달달 볶아주세요.

3 배추 양념하기

얼갈이배추는 끓는 물에 소금을 넣고 데쳐 물기를 꼭 짜서 양념을 넣고 조물조물 무쳐 놓으세요.

Special tip

1 여름에 비지를 구하기 어려울 때 두부를 직접 만드는 집에 가면 버리는 비지가 많을 거예요. 말만 잘하면 공짜로 얻을 수도 있답니다.

2 원래는 흰콩을 하루 정도 불린 다음 되직하게 갈아서 사용해야 정석이지만 시간 절약을 위해 두부 집에서 방금 나온 비지를 구하셔도 됩니다.

3 새우젓이 싫은 분들은 양념장(국간장(1), 다진 마늘(1), 참기름(0.5), 실파(1뿌리 송송))으로 간을 맞춰도 무방합니다.

4 집에서 콩을 갈아서 할 경우엔 콩 반컵을 씻어 반나절 정도 불려 살살 문지르면서 콩껍질을 제거해주세요. 불린 콩에 소금을 넣고 물을 넣어가며 곱게 갈아서 쓰면 더욱 고소하고 맛있어요.

5 고춧가루(2), 다진 파(2), 다진 마늘(1), 간장(3), 참기름, 깨소금 약간씩을 넣고 양념장을 만들어 얹어 먹어도 맛있어요.

4 끓이기

2에 얼갈이배추→콩비지 순으로 담고 약한 불로 은근히 끓여주면 됩니다.

콩 비린내가 나지 않도록 은근히 끓이되
뚜껑은 연 채로 끓이고, 어느 정도 콩이 익으면
물을 넣어 가며 농도를 맞춰 주세요.

여름철 빼놓을 수 없는 시원한
물냉면

물냉면 하면 평양 물냉면을 빼놓을 수 없겠죠? 냉면의 맛은 육수가 좌우한다는데 특히나 평양 물냉면은 꿩고기를 넣는 게 특징이래요. 가정에서 쉽게 꿩고기를 구하기 어려운 관계로 다른 방법으로 비슷한 맛을 내보도록 했답니다. 냉면 육수를 얼려 집에 있는 빙수기로 갈아서 얹어줘도 아주 시원하고 맛있어요.

🧂 요리재료

재료 | 쇠고기 양지머리(4/6근), 무(1/4개), 대파(1뿌리), 마늘(5쪽), 달걀(2개), 오이(1개), 냉면사리(4줌), 냉면 육수(2팩), 다진 마늘(0.3), 동치미 국물(1컵), 양파(1개), 물(6컵)

무 양념 | 식초, 설탕, 다진 마늘 약간씩

쇠고기를 미리 찬물에 담가
핏물을 빼줘야 누린내가 나지 않아요.

지단을 부칠 땐 팬에 기름을 두르고
달궈지면 기름을 휴지로 살짝 닦아주세요.

1 육수내기

무, 대파, 마늘, 양파를 망에 담아 쇠고기와 함께 냄비에 넣고 물을 부어 1시간 이상 푹 끓여 진한 육수를 내주세요.

2 무 양념하기

무는 2×5cm로 썰어 소금에 절인 다음 씻어 물기를 꼭 짠 후 양념을 넣고 무쳐주세요.

3 지단 부치기

팬에 얇게 달걀지단을 부쳐주세요.

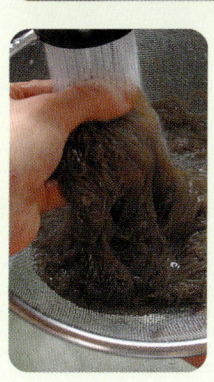

4 고명 준비하기

육수를 낸 고기는 건져서 얇게 썰고 오이와 달걀지단도 얇게 채 썰어 고명으로 준비합니다.

5 냉면 육수 준비하기

끓는 물에 면을 넣고 재빨리 삶아 건져내 흐르는 찬물에 깨끗이 씻어 사리지어 두세요. 냉면 육수에 차게 식힌 1을 섞고 동치미 국물도 섞어주세요.

6 고명 얹기

그릇에 냉면사리→쇠고기 편육→무→오이→달걀지단 순으로 얹은 후 차가운 육수를 부어주면 완성입니다.

면을 삶을 때 물이 끓어 넘치면
찬물을 부어주세요. 면발이 쫄깃해진답니다.

동치미 국물을 넣어주면 자칫
느끼할 수 있는 육수의 맛을
새콤달콤하게 만들어 준답니다.

맑고 청량한 김치의 극치
백김치

백김치는 비료 친 배추라든가 농약 친 배추로 담그면 쓴맛이 나기 때문에 좋은 배추를 써야 제 맛을 낼 수 있습니다. 북에선 마늘이라든가 고춧가루가 귀해서 이렇게 하얗게 김치를 담가 먹는다고 해요. 매운 걸 못 먹는 아이들 또는 환자들이 먹기에 좋은 김치랍니다.

요리재료

재료 | 배추(1포기), 배(1개), 쪽파(4뿌리), 미나리(5줄기), 통마늘(5개), 생강(1톨), 무(1/4개), 홍고추(2개), 당근(1/3개), 새우젓(2), 굵은 소금(1컵), 사골 육수(2팩)

특별히 설탕간을 하지 않아도
배와 갓은 야채로 인해
달짝지근한 맛이 나요.

1 배 썰기

배를 반으로 갈라 반은 채 썰고, 나머지 반은 강판에 갈기 좋게 썹니다.

2 야채 버무리기

무, 당근, 홍고추는 채 썰고, 미나리, 쪽파는 5cm 길이로 잘라 얇게 저민 마늘, 생강과 한데 담아 새우젓(1)을 넣고 잘 버무려둡니다.

배추가 너무 축 늘어지지 않도록 잘 봐가면서
절여야 되요. 정 모르겠으면 뜯어서
먹어보는 것도 한 방법이지요.

3 배추 절이기

배추는 반으로 갈라 사이사이를 들춰 굵은 소금을 골고루 뿌려 절인 뒤 물에 헹궈 건져 놓으세요.

4 배추속 채우기

배추 소를 절여진 배추 사이사이에 골고루 넣고 배추 겉잎으로 잘 싸서 통에 담아주세요.

속을 채울 때는 시간을 끌지 않고
재빨리 채우는 게 좋아요.

5 소금간하기

사골 육수에 썰어 놓은 배와 남은 배(1/2개)를 강판에 갈아 넣고 새우젓(1)과 소금으로 간을 맞춥니다.

국물이 모자라다 싶으면
생수를 부워줘도 괜찮아요.

6 숙성시키기

5를 남은 배추 소에 넣어 헹군 후 배추를 담은 통에 부어 실온에서 숙성시키면 돼요.

바로 냉장고에
넣지 말고 실온에서 이틀 정도
숙성시킨 후에 먹는 게 좋답니다.

여름에 즐기는 푸짐한 온면

어복쟁반

이름이 참 생소하죠? 이름만큼이나 먹는 법도 생소하답니다. 보통 갖은 재료를 넣고 끓여 먹는 방식과는 달리 쇠고기 편육, 삶은 달걀 등 재료를 넣고 더운 육수를 부어 가며 먹는답니다.

요리재료

재료 | 메밀국수(4줌), 쇠고기(1/2근), 만두(10개), 떡국 떡(4줌), 삶은 달걀(1개), 팽이버섯(1봉지), 굵은 파(2 뿌리), 당근(1/2개), 대파(2대), 통마늘(5개), 물(6컵)

간장 양념 | 간장(4), 다진 실파(2), 다진 마늘(1), 통깨 (1), 참기름(0.5), 식초(1), 후추 약간

복어선 메밀을 음식에 많이 이용하는데 식이섬유가 많아서 변비나 대장암 예방에 좋고 혈압을 낮춰 주는 효과가 있어 고혈압 환자에게도 좋다는군요.

1 육수내기

쇠고기에 대파, 통마늘을 함께 넣고 물을 부어 1시간 정도 푹 삶아 진한 육수를 내주세요.

2 재료 썰기

육수는 베보자기에 걸러 기름기와 이물질을 제거한 후 소금과 국간장으로 간해두고, 쇠고기는 건져 먹기 좋게 썰어두고, 당근과 대파는 채 썰어주세요.

3 양념장만들기와 국수삶기

분량의 양념으로 간장 양념을 만들어주세요. 메밀국수는 끓는 물에 삶아 찬물에 헹궈주고, 만두와 떡국 떡은 끓는 물에 살짝 데쳐 건져주세요.

4 준비한 야채담기

삶은 달걀은 4등분하고 팽이버섯은 밑동을 잘라낸 후 씻어 건져 썰어둔 야채와 함께 전골 냄비에 담습니다.

5 떡과 만두 얹기

메밀국수, 쇠고기, 각종 야채 고명을 예쁘게 돌려 담고 가운데 삶은 떡국 떡과 만두를 얹어주세요.

6 육수붓기

미리 간해둔 육수를 부어주면 완성이에요.

팽이버섯 대신 느타리나 표고를 사용해도 좋고 배를 채썰어 추가해도 아주 맛나답니다.

식탁에 냄비를 올려 은근히 데워가며 먹어야 제 맛! 개인접시를 따로 두어 만두나 쇠고기 등 재료를 찍어 먹을 수 있도록 해주세요.

고소한 녹두지짐이 퐁당 빠진

온반

온반은 평양에서 즐겨먹던 장국밥의 종류로 겨울철 별미 중 하나라는군요. 진하게 우린 육수에 고소한 녹두지짐을 얹어 한 입 맛보세요.

🧂 요리재료

재료 | 밥(4공기), 양지머리(1/3근), 녹두가루(1컵), 무(1/6개), 통마늘(4쪽), 대파(1뿌리), 느타리버섯(1줌), 물(6컵), 우유, 소금 약간씩

고명 | 달걀 황백지단, 실고추 약간씩, 잣(10알)

고기양념 | 다진 파(2), 다진 마늘(0.5), 진간장(1), 후추 약간

버섯양념 | 참기름(0.5), 소금, 후추 약간씩

육수를 낼 땐 거품을 걸어가며 고기를 찔러 핏물이 나오지 않을 때까지 삶아주세요.

1 육수내기

냄비에 양지머리, 무, 대파, 통마늘을 한데 담아 넣고 물을 부어 1시간 정도 끓여 육수를 냅니다.

쇠고기 대신 닭고기를 사용해도 무방합니다.

2 고기썰기

고기는 건져 한입 크기로 얇게 썰고, 육수는 베보자기에 이물질을 걸러 소금 또는 간장으로 간합니다.

녹두반죽은 녹두(1컵)에 우유로 농도를 맞춰 미리 만들어 두세요.

3 반죽부치기

녹두반죽을 만들어 프라이팬에 한 숟가락씩 떠 넣고 얄팍하게 부쳐냅니다.

4 버섯 무치기

느타리버섯은 뜨거운 물에 살짝 데쳐 물기를 짠 후 결대로 찢은 다음 양념에 조물조물 무칩니다.

5 고기양념하기

썰어 놓은 고기도 양념 맛이 배도록 분량의 양념으로 조물조물 무쳐주세요.

양념한 고기를 육수에 다시 넣고 한 번 더 끓여내도 좋아요.

6 그릇에 담아내기

그릇에 우선 밥을 담고 준비한 고명을 얹어 뜨거운 육수를 부어주면 됩니다.

양손으로 비벼 푸짐하게

쟁반냉면

평양 물냉면과 쌍벽을 이루는 쟁반냉면입니다. 푸짐한 양에 식구들끼리 둘러앉아 비벼먹으면 참 좋겠죠. 취향에 따라 여러 가지 사리를 추가해서 맛있게 만들어 보세요.

요리재료

재료 | 냉면사리(4인분), 오이(1/2개), 삶은 달걀(3개), 당근(1/3개), 상추, 깻잎(5장)씩, 적양배추(1/6개), 방울토마토(4개), 붉은 고추(1개), 쇠고기(1/2근)

양념장 | 겨자, 고춧가루, 고추장, 통깨, 참기름, 설탕, 식초, 간장(1)씩, 다진 마늘(0.5)

쇠고기 육수 | 대파(1대), 통마늘(5쪽), 물(4컵)

172

1 야채 썰기

오이, 당근, 깻잎, 상추, 적양배추 등 준비한 야채는 먹기 좋게 잘게 채 썰고 달걀은 1/4등분해서 준비해둡니다.

쇠고기 대신 닭고기를 사용해도 맛있답니다.

2 쇠고기 육수내기

쇠고기, 대파, 통마늘을 함께 냄비에 담아 물을 붓고 30분 이상 삶아 육수를 냅니다. 쇠고기는 육수를 낸 다음 건져서 편으로 썰어주세요.

양념장을 식성에 따라 식초, 겨자, 설탕을 추가해서 드세요.

3 양념장 만들기

육수(1컵)에 분량의 양념장 재료를 넣고 양념장을 만듭니다.

Special tip

양지머리로 육수를 낼 땐 마늘, 대파, 양파 등을 함께 넣고 끓여주세요.

Special tip

쫄깃한 냉면 삶기

끓는 물에 식용유를 조금 넣고 삶으면 면발이 서로 붙지 않고 탄력이 생깁니다. 삶은 냉면은 찬물에 여러 번 비벼서 씻어 끈적끈적한 기를 없애야 좋아요.

4 쟁반에 빙 둘러담기

냉면은 2~3분 정도 삶아 찬물에 재빨리 헹궈 건져낸 다음 큰 접시에 사리 지어 담고 준비한 모든 재료를 보기 좋게 돌려 담습니다.

5 양념장과 함께 내기

마지막에 편육, 달걀, 토마토, 붉은 고추를 얹어 양념장과 함께 내주면 됩니다.

재료를 큰 그릇에 한데 담고 양념장을 넣어 비닐장갑을 낀 손으로 골고루 무쳐 먹어도 양념이 고루 배어 맛있어요.

새콤한 겨자 맛이 일품인
초계탕

초계탕의 초계는 식초의 '초'와 겨자의 평안도 사투리인 '계'가 합쳐져 만들어진 이름이라고 합니다. 닭을 의미하는 '계'인 줄 알았는데 그렇지 않더군요. 닭 육수를 차게 식힌 다음 식초와 겨자로 간을 해서 구수하면서도 톡 쏘는 맛을 즐길 수 있답니다.

요리재료

재료 | 닭 가슴살(1팩), 오이(1개), 게맛살(2개), 달걀(2개), 쇠고기(1줌), 겨자, 다진 마늘, 통깨, 설탕(1)씩, 식초(4), 메밀국수(4줌), 통마늘(5쪽), 대파(1대), 소금, 후추, 참기름 약간씩

174

달걀지단을 부칠 때 기름을 약간 둘러
휴지로 닦아 주고 달걀을 부어 식초를
한 두 방울 떨어뜨리면 얇게 부칠 수 있답니다.

물은 닭이 잠길 만큼
부어주세요.

기호에 따라 식초, 겨자, 설탕을
추가해서 드세요.

1 닭 삶기

닭과 대파를 5cm 길이로 썰어 통마
늘과 함께 넣고 30분 정도 푹 삶아주세요.

2 소재료 썰기

게맛살은 3등분해 결대로 찢고,
오이는 반으로 갈라 어슷썰기하고, 달걀
은 노른자와 흰자를 분리해 지단을 부쳐
채 썰어줍니다.

3 육수 간하기

1을 베보자기에 걸러 그릇에 담아
설탕, 식초, 참기름, 겨자로 간을 해서 냉장
고에 넣고 미리 차게 만들어둡니다.

4 고명 준비하기

어슷 썬 오이는 소금을 뿌려 간이
배도록 절여두고, 삶아진 닭고기는 건져
먹기 좋게 결대로 찢어주고, 쇠고기도 먹
기 좋게 편으로 썰어주세요.

5 고기 양념하기

닭고기와 쇠고기는 함께 소금, 후
추, 통깨, 참기름으로 간이 배게 버무려주
세요.

6 담아내기

메밀국수를 끓는 물에 삶아 그릇
에 담고 준비한 재료와 고기, 오이를 얹어
시원한 육수를 부워주면 됩니다.

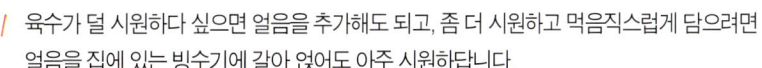

Special tip

1 육수가 덜 시원하다 싶으면 얼음을 추가해도 되고, 좀 더 시원하고 먹음직스럽게 담으려면
얼음을 집에 있는 빙수기에 갈아 얹어도 아주 시원하답니다.

2 고명으론 위 재료 외에 느타리버섯을 추가하기도 하고요. 메밀국수 대신 청포묵이나 녹두묵을 사
용하기도 한답니다.

만두 속이 푸짐하게

평양왕만두

겨울에 그 맛을 더하는 평양의 만두는 속이 알찬 왕만두가 특징이지요. 한 개만 먹어도 뱃속이 두둑해지는 푸짐한 왕만두를
만들어서 맛보세요.

요리재료

재료 | 만두피(20장), 다진 돼지고기(1줌), 다진 쇠고기(1줌),
청·홍고추(2개)씩, 다진 마늘(1), 양파(1개), 대파(1뿌리),
부추(1/4단), 참기름(1), 소금, 후추 약간씩

만두소에 닭고기도 함께 다져 넣으면 더 담백한 맛을 낸답니다.

만두소의 물기가 너무 많지 않도록 야채의 물기를 쪽 빼고 사용하거나 밀가루를 솔솔 뿌려 농도를 맞춰주세요.

1 재료 다지기

고추, 양파, 대파, 부추를 잘게 다져 다진 고기와 한 그릇에 담습니다.

2 양념하기

다져놓은 야채에 소금, 후추, 다진 마늘, 참기름을 넣어 조물조물 고루 섞어줍니다.

3 만두 빚기

만두피에 만두소를 올리고 잡아당기면서 예쁘게 빚어줍니다.

4 끓는 물에 만두 삶기

끓는 물에 만두를 넣고 동동 떠오를 때까지 삶아 건져주세요.

Special tip

1. 만두와 초간장을 함께 곁들여 내세요.
2. 만두피를 직접 만들 땐 밀가루와 달걀 흰자를 넣고 반죽을 만들면 됩니다.
3. 만두소에 숙주나 다른 야채는 기호대로 추가하세요.

요리 속의 요리

쫄깃한 만두피 만들기

재료 | 강력분 밀가루(1컵), 물, 소금 약간씩

1. 밀가루를 소금 약간(밀가루(1컵)에 소금(0.3)과 함께 체어 쳐서 반죽할 그릇에 넣고 따뜻한 물을 조금씩 넣으면서 익반죽합니다. 이때 물 대신 시금치즙이나 당근즙을 넣으면 예쁘게 색깔을 낼 수 있습니다.
2. 반죽을 여러 번 치대어 냉장실에 둡니다. 글루텐 형성을 도와 더욱 쫄깃한 반죽이 됩니다.
3. 밀가루를 골고루 뿌리고 밀대로 밀면서 조금씩 늘립니다. 밀가루를 너무 많이 뿌리면 만두피가 딱딱하게 되니 조금만 뿌립니다.

함경도음식

함경도 음식은 모양은 큼직하나 황해도와 마찬가지로 장식이나 기교를 부리지 않아 소박하지요.
특히나 가자미식해가 유명하며 그 맛이 달고 상쾌하여 오래 보관하고 먹을 수 있답니다.

PART8

쫄깃한 가지를 매콤하게 조려

가지찜

가지는 빈혈, 주근깨 예방에도 효과가 있고 몸을 차게 하는 성분이 있어 고혈압 환자에게도 좋다고 해요. 북에선 이렇게 몸에 좋은 가지를 오이소박이처럼 열십자로 잘라 양념을 채워 찜해서 먹거나 아니면 튀기거나 구워서 먹는 게 일반적이라고 하네요.

요리재료

재료 | 가지(3개), 대파(1뿌리), 풋고추(3개), 양파(2개), 갈은 쇠고기(1줌)

쇠고기 양념 | 다진 마늘, 올리브유, 간장(1)씩, 고추장(3), 참기름(0.5), 후추 약간

1 야채 다지기
대파, 양파(1개), 풋고추는 속으로 채우기 쉽도록 잘게 다져주세요.

2 가지 절이기
가지는 3~4등분해서 오이소박이처럼 1cm 정도 남겨 열십자로 칼집을 내고 소금물에 30분 정도 절여주세요.

가지가 물 위로 떠오르지 못하도록 밥공기 같은 것으로 살짝 눌러주세요.

3 고기 양념하기
쇠고기도 잘게 다져 준비한 야채와 같이 분량의 양념으로 무쳐줍니다.

같은 쇠고기를 이용하면 편하겠죠.

Special tip

쇠고기는 필요에 따라 빼도 돼요. 가지를 그냥 찜통에 쪄서 죽죽 잘라 다진 마늘, 소금, 다진 파, 참기름을 넣고 간단히 무쳐 먹어도 맛있어요.

Special tip

재료마다 볶는 순서가 있습니다. 같은 채소끼리라도 단단해서 익히는 데 시간이 많이 걸리는 것부터 볶아내고 잘 익지 않는 채소는 미리 살짝 데쳐서 볶으면 좋아요. 물기가 많은 채소는 소금에 잠깐 절였다가 물기를 꼭 짠 다음에 볶으면 제 맛이 난답니다. 고기와 채소를 함께 볶을 때에는 마늘과 같은 향신채를 먼저 볶고 고기를 볶아야 고기 누린내도 안 나고 좋아요.

4 가지 속 채우기
소금에 절여놓은 가지가 숨이 약간 죽었다면 양념한 속을 가지 사이에 예쁘고 깨끗하게 채워주세요.

5 가지 조리기
양파(1개)를 채 썰어서 냄비바닥에 깔고 그 위에 속을 채운 가지를 올린 후 남은 속을 마저 얹고 뚜껑을 덮어 조려주면 됩니다.

조리다가 국물이 너무 졸면 물을 부어 농도를 맞춰가면서 약한 불에서 타지 않게 조려주세요. 가지가 투명해질 때까지 조려주면 다 익은 거랍니다.

닭살을 듬뿍 얹어 담백한 비빔밥

닭 비빔밥

함경도의 주식 중 한 가지로, 전주가 전주비빔밥으로 유명한 만큼이나 함경도는 닭 비빔밥으로 유명하다네요. 푹 삶은 닭을 갖은 양념을 하여 뜨끈한 밥과 비벼 먹는 맛이 일품입니다. 게다가 함께 먹는 뜨끈한 닭 국물은 찰떡궁합이 아닐 수 없네요.

요리재료

재료 | 닭(1마리), 대파(1뿌리), 실파(2뿌리), 통마늘(5쪽), 맛술(1), 콩나물(1봉지), 밥(4공기), 소금, 후추 약간씩

닭고기 양념 | 고추장, 다진 마늘, 통깨, 참기름(1)씩, 고춧가루(2), 소금, 후추 약간씩

콩나물 양념 | 다진 마늘(1), 참기름(0.5)

센 불에서 삶다가 물이 끓으면
불을 약간 줄이고 중불에서 30분
정도 마저 삶아주면 됩니다.

닭 국물은 소금, 후추, 실파를
송송 썰어 곁들이면 닭고기의 퍽퍽한 맛을
부드럽게 해주면서 담백한 맛을
2배로 즐길 수 있답니다.

1 닭 익히기
닭을 통마늘과 5cm 정도로 썬 대
파와 맛술을 넣어 30분 이상 끓입니다.

2 닭살과 육수 분리하기
국물은 베보자기에 걸러 기름기
를 제거해주고, 닭은 건져 결대로 찢어 분
량의 양념을 얹어줍니다.

3 닭살 양념하기
결대로 찢은 닭살은 간이 고루 배
도록 조물조물 무쳐줍니다.

Special tip

밥맛은 65°일 때가 가장 맛있다고 합니
다. 그래서 그 온도를 유지하기 위해서 놋그
릇을 쓰는데 참기름이나 채소의 신선도가 유
지되어서 비빔밥이 맛있다고 합니다.

4 콩나물 데치기
콩나물은 소금(0.5)을 넣어 삶아
체에 건져 물기를 빼주고, 분량대로 양념
해 버무려줍니다.

5 고명 얹어내기
밥에 콩나물과 양념한 닭살을 차
례로 얹고 실파를 채 썰어 뿌려주면 완성
입니다.

뚜껑을 덮고 센 불에서 끓이다
김이 나면 중불로 줄여 두분 후에
건져내세요.

시원하고 개운한 맛

동태매운탕

겨울철에 더 생각나는 음식이 바로 얼큰한 매운탕입니다. 그중 생태는 지방이 적어 담백하고 개운한 맛을 내는 겨울철 생선이죠. 얼큰하게 끓인 동태매운탕은 술안주로도 안성맞춤이라 남편에게 점수를 따고 싶을 때 요리해 보세요.

요리재료

재료 | 동태(1마리), 무(1/4개), 두부(1모), 미나리(1/2단), 청 · 홍고추(1개)씩, 국멸치(8마리), 다시마(3장), 대파(2뿌리), 소금 약간

양념장 | 고춧가루(2), 고추장(0.5), 된장(0.3), 국간장, 다진 마늘, 다진 파(1)씩, 생강즙, 소금, 후추 약간씩

고추장을 많이 넣으면 텁텁해져
시원한맛을 즐길 수 없어요.

1 다싯물 만들기
무는 납작하게 썰어 다시마, 멸치와 함께 넣고 바글바글 끓여주세요.

2 양념장 만들기
분량대로 미리 양념장을 만들어 둡니다.

3 야채 썰기
미나리는 5cm 길이로 썰고, 고추와 대파는 어슷썰기합니다.

Special tip

1 동태는 미리 깨끗이 씻어 소금을 살살 뿌려 준비해두세요.

2 매운탕을 끓일 때 바지락을 넣어주면 한결 더 시원한 맛을 느낄 수가 있답니다.

3 맑은 동태찌개로 먹고 싶을 땐 소금간만 하고 콩나물을 추가해서 시원하게 즐기세요.

Special tip

담백하고 칼칼한 매운탕의 맛을 즐기려면 콩나물을 많이 넣으세요. 고추장을 많이 넣으면 텁텁해지므로 고추장 대신 고추 양념을 만들어 장국에 풀어 끓이다가 소금으로 간하면 시원한 맛을 낼 수 있습니다. 쑥갓은 미리 넣으면 향이 날아가므로 제일 마지막에 넣으세요.

4 다싯물에 재료 넣기
1의 다싯물에서 다시마, 멸치는 건져내고 양념장을 푼 뒤 동태→고추→대파→두부 순으로 넣고 끓입니다.

5 소금간하기
마지막으로 미나리를 넣고 소금으로 간하여 한 번 더 끓여주면 됩니다.

생선은 팔팔 끓을 때 넣어야 살에 탄력이 생기고 쉽게 부서지지 않는답니다.

머리가 좋아지는 생선전
북어전

다른 생선보다 지방이 적어 생선을 싫어하는 아이들이나 비린내를 싫어하는 남편을 위해 노릇노릇하게 부쳐주면 비린내도
덜하고 담백한 맛에 모두들 반할 거에요.

🧂 요리재료

재료 | 북어포(2마리), 청·홍고추(1개)씩,
밀가루(1컵), 달걀(1개), 올리브유 약간
양념 | 양파(1/2개)즙, 다진 마늘(1), 소금,
참기름 약간씩

북어포를 너무 오래 불리면
푹석해질 수 있으니 야들야들하게 불려주세요.

불린 북어포는 살살 만져가며
잔가시를 발라 준비해 주세요.

1 북어포 불리기
북어포는 먹기 좋게 5cm 길이 정도로 잘라 물에 살짝 불려 준비하세요.

2 북어포 양념하기
불린 북어포는 손으로 살살 만져가며 가시를 발라 양념에 미리 재워둡니다.

3 달걀옷 입히기
북어포는 밀가루→달걀 순으로 골고루 옷을 입힙니다.

고명은 원하는 대로 쑥갓이나 다른 야채로 해도 좋아요.

Special tip

4 익히기
달군 팬에 올리브유를 두르고 달걀 옷을 입힌 북어포를 올려 꼭꼭 눌러가며 속까지 약한 불에서 익혀줍니다.

5 고명 올려 지지기
어느 정도 익으면 채 썬 고추 고명을 올려 뒤집은 다음 노릇하게 지져주세요.

전이 한 김 식은 후에 그릇에 담아내야
달걀옷이 벗겨지지 않고 눅눅해지는
걸 방지할 수 있답니다.

오징어 뱃속에 뭐가 들었을까?

오징어순대

북에선 오징어를 낙지라고 부른다고 하네요. 그러니 북에선 오징어순대가 아니라 낙지순대인거죠. 찹쌀을 넣어 쫀~득하니 일반 순대와는 또 다른 특별한 맛이랍니다. 일반 순대는 집에서 만들어 먹기가 번거롭지만 오징어순대는 간단하게 즐길 수 있는 주말별식이랍니다.

요리재료

재료 | 물오징어(2마리), 불린 찹쌀(1공기), 갈은 돼지고기(1/4근), 두부(1/2모), 쪽파(3뿌리), 양파(1/3개), 청 · 홍고추(1개)씩, 깻잎(3장), 밀가루 약간

양념장 | 참기름, 다진 마늘(1)씩, 진간장(2), 소금, 후추 약간씩

오징어 속은 잘 섞어가며 오래 치대야
나중에 쫀득쫀득하니 씹히는 맛이 좋아요.

오징어는 속에 손을 넣어
내장을 꺼내 깨끗이 씻거나 살 때 손질해달라고
하면 더 편하게 요리할 수 있어요.

3 속재료 양념하기

두부는 면보자기에 싸서 물기를 꼭 짜면서 으깨줍니다. 불린 찹쌀은 미리 밥을 지어두고 다진 야채, 두부, 갈은 돼지고기를 함께 넣고 양념하여 한참을 치대주세요.

1 오징어 손질하기

오징어는 내장을 꺼내고 굵은 소금으로 박박 비벼 깨끗이 씻어 준비합니다.

2 야채다지기

양파, 깻잎, 쪽파, 청·홍고추는 깨끗이 씻어 잘게 다져주세요.

4 오징어 속 채우기

오징어 몸통 안에 밀가루를 넣고 잘 흔들어준 다음 깔때기를 몸통 입구에 끼고 오징어가 통통해지도록 속재료를 담아주세요.

속을 너무 많이 담으면
익으면서 터질 수 있으니 오징어의
2/3정도만 담아주세요.

5 입구 꿰매기

오징어 입구를 사진처럼 꼬치로 속이 빠져나오지 않도록 바느질하듯 꿰매주세요.

6 찌기

오징어를 김이 오른 찜통에 넣고 찌면 됩니다. 냄비에 찔 때는 20분 이상 충분히 쪄주면 돼요.

오징어를 찔 때 중간중간에 꼬치로 오징어를
찔러 물이 흐르는지 확인하고 물이 흘러나오면
아직 충분히 익지 않은 거랍니다.

술안주로 그만인 고소한
콩부침

영양만점인 콩을 갈아 건강 안주로 또는 아이들 영양 간식으로 만들어주면 식구들이 모두들 좋아하겠죠? 콩엔 에스트로겐도 많이 들어 있어 갱년기 여성에게도 딱 좋은 음식이랍니다.

요리재료

재료 | 불린 콩(1+1/2컵), 물(1컵), 밀가루(4), 다진 돼지고기(1/6근), 숙주(1/3봉지), 다진 마늘(1), 홍고추(2개), 대파(1뿌리), 소금, 식용유 약간씩

고기 양념 | 다진 마늘(0.5), 참기름(0.3), 소금, 후추 약간씩

나물 양념장 | 간장(2), 다진 마늘(0.3), 다진 파(1), 통깨, 참기름 약간씩

콩을 충분히 불려야해요.

1 불린 콩 갈기
하루 정도 불린 콩을 먼저 갈은 다음 밀가루와 소금을 함께 넣고 다시 한 번 갈아주세요.

야채는 기호에 따라 빼거나 추가합니다. 고기 대신 버섯을 잘게 무쳐 넣어도 씹는 맛이 좋답니다.

2 고기 양념하기
돼지고기는 분량의 양념을 넣고 조물조물 무쳐줍니다.

신김치를 송송 썰어 반죽에 함께 넣고 부쳐도 맛있답니다.

3 야채 양념하기
데친 숙주는 다진 대파, 다진 마늘, 다진 홍고추를 함께 넣고 양념장에 무쳐 주세요.

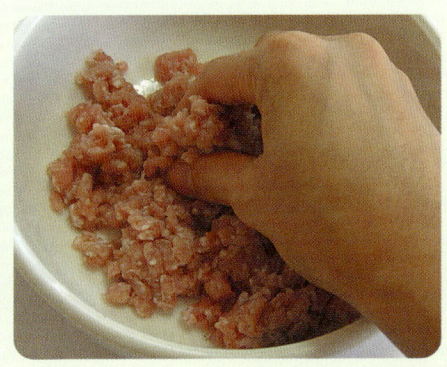

요리 속의 요리

간단한 콩국수 만들기

재료 | 국수(2인분), 두부(1모), 우유(2컵), 오이(1/2개), 방울토마토(2개), 달걀(1개), 소금 약간

1 두부와 우유를 믹서에 넣고 곱게 갈아줍니다. 땅콩을 넣어 같이 갈면 국물 맛이 더 고소해집니다.

2 국수를 끓는 물에 넣고 삶다가 넘치려고 할 때 찬물을 붓고 2~3분 정도 더 삶으세요. 삶은 면을 찬물에 헹군 뒤 그릇에 사리지어 담습니다.

3 국수 위에 채 썬 오이와 달걀, 방울토마토를 얹으면 됩니다. 마무리 간은 소금으로 합니다.

4 반죽 부치기
콩반죽과 양념한 속을 한데 넣고 섞어 달궈진 팬에 먹기 좋게 한 수저씩 떠 넣고 부쳐주면 됩니다.

함흥냉면

함경도 향토요리 중 하나로 '회냉면' 이라고도 하죠. 우리는 홍어회를 얹어 먹는 게 일반적이지만 명태식해를 얹어 먹는 맛도 별미이면서 일품이네요.

요리재료

재료 | 냉면사리(4인분), 양파(1/2개), 파(1/2대), 오이(1개), 명태식해(2줌), 배(1/2개), 삶은 달걀(2개), 달걀 황백지단 약간

양념장 | 간장(1/2컵), 설탕, 물엿, 고춧가루, 식초(3)씩, 다진마늘, 참기름, 깨소금(1)씩, 육수(1/2컵), 배(1/2개)즙, 대파(1뿌리), 생강즙 약간

1 양파갈기
양파를 강판에 곱게 갈아줍니다.

2 야채썰기
파는 송송 썰고 배와 오이는 가늘게 채 썰어 준비하세요.

3 양념장만들기
곱게 간 양파즙에 분량의 양념장과 송송 썬 파를 넣어 잘 섞어줍니다.

Special tip

1 마지막에 육수를 바닥에 깔릴 정도로 살짝 부어주면 촉촉하게 맛볼 수 있어요.

2 기호에 따라 식초와 겨자를 곁들여 먹어도 맛나지요.

3 명태식해 만드는 법은 p195를 참고하세요.

4 양념장에 버무리기
만든 양념장에 명태식해를 함께 넣고 고루 버무립니다.

5 차례로 담아내기
면을 삶아 1인분씩 그릇에 담고 양념장과 오이→배→황백지단 순으로 얹어 달걀을 곁들여 내면 됩니다.

명태식해가 없거나 번거로울 때에는 무를 2×4cm 길이로 얇게 썰어 설탕과 식초를 1:1로 섞은 물에 절여서 사용하세요.

냉면사리는 끓는 물에 얼른 삶아 찬물에 재빨리 여러 번 헹궈 사리지어 그릇에 담아주세요.

원산 해물잡채

잡채는 각 지역의 특색에 따라 맛도 다양하죠. 원산의 주산물인 해산물이 듬뿍 들어 있는 해물잡채는 당연 으뜸입니다.

요리재료

재료 | 청·홍고추(2개)씩, 양파(1개), 홍합 살, 조갯살, 알새우(1줌)씩, 오징어(1마리), 당면(4인분), 후추, 소금 약간씩

당면 양념 | 참기름(2), 간장(4), 설탕(3), 통 깨(2), 소금, 후추 약간씩

Special tip
해물은 깨끗이 손질해 오징어는 5cm 길 이로 채 썰어 데쳐주고, 나머지 해물도 끓는 물 에 청주(1)를 추가해 따로따로 살짝 데쳐 준비 해두세요.

1 재료 볶기
기름 두른 팬에 준비한 야채와 해 물을 넣은 후 후추와 소금을 약간씩 넣고 살짝 볶아주세요.

2 당면 삶기
끓는 물에 당면을 삶아 건져 양념 한 다음 살짝 볶아둡니다.

3 재료 섞기
모든 재료를 함께 섞어 버무린 다 음 간을 보면서 양념을 더해주면 됩니다.

마지막에 간을 보고 싱거우면 간장, 소금, 설탕으로 간을 합니다.

꼬들꼬들 감칠맛 나는
명태식해

함흥냉면은 가자미식해 또는 명태식해를 얹어 꼬들꼬들하게 씹히는 맛이 제 맛이지요. 새콤달콤하고 꼬들꼬들하니 밥반찬 으로도 그만인 명태식해를 집에서 쉽게 만들어보세요.

요리재료

재료 | 코다리 명태(2마리), 무(200g), 식초 (4), 소금 약간

무 양념 | 고춧가루(2), 식초(3), 설탕, 다진 마늘, 물엿, 통깨(1)씩, 참기름(0.5), 다진 생 강(0.5), 배(1/2개)즙

Special tip

명태가 너무 흐물흐물하면 그늘에 살짝 말려서 사용해도 돼요.

1 명태 절이기

명태는 가운데 뼈를 중심으로 가 시를 발라 사선으로 길쭉하게 썰어 식초 를 고루 부어 절여주세요.

코다리 명태를 식초에 절였다 무치면 살이 꼬들꼬들해져요.

2 무 양념하기

무는 굵직하게 채 썰어 소금에 10 분 정도 절여 꼭 짠 다음 절인 명태와 함 께 고루 버무려줍니다.

양념에 배즙을 넣으면 시원하면서 달콤한 맛이 나요.

3 담아서 보관하기

2를 항아리에 꼭꼭 눌러 담아 상 온에서 2일 정도 보관 후 냉장고에 넣고 꺼내 먹으면 돼요.

황해도음식

황해도 음식은 간은 짜지도 싱겁지도 않아 충청도 음식과 비슷하며
김치를 담글 때 고수와 분디라는 향신 채소를 쓰는 것이 특징이랍니다.
특히나 황해도의 녹두농마(녹말)국수를 한 해에 한 번이라도 해먹으면 오래 산다고 하여
옛날 이 지방에서는 여름철 녹두농마국수를 즐겨 먹는 관습이 있었답니다.

PART9

쇠고기를 통으로 부친
고기전

서울에선 고기를 다져 동그랗게 만든 것을 고기전이라 하지만 황해도에선 달걀 옷을 입혀 부친 것을 고기전이라 한다는군요. 생소하지만 고기가 통으로 씹히는 맛이 구수하니 일품이에요.

🧂 **요리재료**

재료 | 쇠고기 안심살(1/2근), 밀가루(1/2컵), 달걀(1개), 실고추, 소금, 후추, 생강즙 약간씩
초간장 | 진간장(1), 식초(0.5), 통깨, 실파 약간씩

1 고기 핏물 빼기

키친타월에 쇠고기를 올려 놓고 꼭꼭 눌러 핏물을 빼줍니다.

2 밑간하기

쉬고기에 소금과 후추를 뿌리고 생강즙에 절여 밑간을 해둡니다.

생강즙에 절여 둬야 고기의 누린내를 제거할 수 있답니다.

3 달걀 옷 입히기

밑간한 고기에 밀가루→달걀 순으로 옷을 입혀주세요.

달걀 옷을 입힐 때 치자 우린 물을 섞으면 색깔이 한결 더 노릇해진답니다. 치자물이 없다면 노른자로만 옷을 입혀도 노란빛이 살아요.

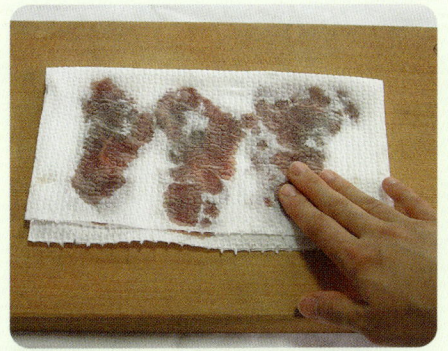  

4 노릇하게 굽기

기름을 두른 프라이팬에 옷을 입힌 쇠고기를 노릇하게 지져 초간장과 함께 내주세요.

프라이팬에 올린 고기전은 뒤집기 전에 고명을 얹어주세요.

Special tip

고기를 살 때 전을 부칠 거라고 미리 일러주면 알아서 잘 손질해 줍니다.

Special tip

여러가지 양념장 만들기

불고기 양념장 | 간장(4), 설탕(2), 청주(2), 다진 마늘(3), 배즙(1/2컵), 양파즙(1/4컵), 후추, 깨소금, 참기름 약간씩

냉채 소스 | 다시마 국물(4), 간장(2), 꿀(1), 통깨(1), 레몬즙(2), 양파즙(1), 소금 약간

물엿장 양념장 | 간장(4), 설탕(1.5), 물(2), 물엿(1)

고추장 양념장 | 고추장(1/2컵), 설탕(2), 간장(0.5), 물(3), 마늘즙(0.3)

데리야끼 양념장 | 간장(3), 생강물(3), 설탕(3), 다시마 국물(4), 청주(3)

김치를 꼬치에 끼워~끼워~

김치적

황해도 음식은 간을 많이 하지 않고 기교를 부리지 않은 소담한 음식이 특징이랍니다. 김치적은 김치행적, 누름적이라고도 하는데요. 꼬치에 김치, 돼지고기, 대파 등을 끼워서 밀가루 묻히고 달걀 옷을 입혀 지져낸 음식이에요.

요리재료

재료 | 신김치(1/4포기), 달걀(2개), 밀가루
(4), 대파(3뿌리), 쇠고기(2줌)

쇠고기 양념 | 진간장(1), 참기름(0.3), 다진
마늘(0.5), 후추 약간

대파가 크면 반으로 갈라 썰어주세요.

기호에 따라 꼬치 재료를 달리해도 좋겠죠.

1 고기양념하기
쇠고기는 먹기 좋게 썰어 분량의 양념을 넣고 조물조물 무쳐줍니다.

2 꼬치에 끼우기
대파는 5cm 길이로 썰고, 신김치는 줄기부분만 5cm 길이로 잘라 무쳐둔 쇠고기와 함께 꼬치에 차례로 끼워주세요.

3 밀가루 입히기
재료를 차례로 꽂은 꼬치는 앞뒤에 골고루 밀가루를 입혀줍니다.

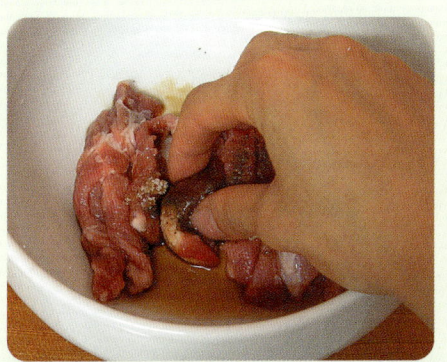

Special tip

1 신김치는 속을 털어내고 물기를 꼭 짜서 이용하세요. 너무 많이 익은 김치는 물에 잠깐 담가 군내랑 짠맛을 좀 제거한 다음 이용하세요.

2 꼬치를 빼서 그릇에 담아내려면 뜨거울 때 얼른 꼬치를 빼내면 된답니다.

요리 속의 요리

김치전

재료 | 신김치, 다진 돼지고기(1줌)씩, 밀가루(2컵), 달걀(1개), 물(1/2컵), 김칫국물 약간, 양파(1/2개), 청·홍고추 적당량씩

1 신김치, 양파, 고추는 잘게 썰어서 다진 돼지고기와 한데 섞어주세요.

2 재료를 한데 섞은 데에 밀가루, 달걀, 물, 김칫국물을 넣고 고루 섞어주세요. 보통 김칫국물이 많이 남아 버리는데 이렇게 전을 부칠 때 사용하면 좋습니다.

3 뜨겁게 달군 팬에 기름을 넉넉하게 두르고 노릇하게 지져주면 됩니다.

4 달걀 옷 입혀 지져내기
밀가루 옷을 입힌 꼬치는 달걀 옷을 입혀 기름 두른 팬에 노릇노릇하게 약한 불에서 타지 않게 지져주세요.

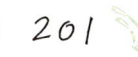

두툼하게 부쳐낸 푸짐한 빈대떡
녹두지짐

북에서는 잔칫상에 빠지지 않는 것이 이 녹두지짐이라고 합니다. 맷돌에 잘 불린 녹두와 찹쌀을 넣고 갈아 소금간만 약간
해서 돼지기름에 부쳐 먹는 게 원래 전통이라는데 요즘은 식물성 기름에 부치기도 하고 갖은 야채와 고기를 넣고 부쳐 먹는
퓨전음식이 되었지요.

🧂 요리재료

재료 | 녹두가루(1봉지), 다진 돼지고기(1줌), 신김치(1/4포
기), 청·홍고추(3개씩), 양파(1개), 대파(2뿌리), 팽이버섯
(1줌), 참기름(1), 소금(0.3), 물(2컵), 후추 약간
양념장 | 고춧가루, 다진 파, 다진 마늘, 통깨(1)씩, 간장(3),
참기름(0.3)

1 **고기양념하기**
다진 돼지고기에 소금, 후추, 참기름으로 간이 배도록 미리 양념을 합니다.

2 **야채다지기**
신김치, 양파, 대파는 잘게 다져주세요. 청·홍고추는 어슷썰기해 고명용으로 남겨두고, 나머지는 씨를 털어낸 후 잘게 다져주세요.

재료의 씹는 맛을 즐기려면 한입 크기 정도로 썰어주세요.

3 **한데섞기**
녹두가루에 물을 붓고 김치와 결대로 찢은 팽이버섯을 넣어 잘 섞어 20분 정도 둡니다.

팽이버섯은 봉지째 밑동을 잘라버리고 흐르는 물에 씻어 결대로 찢어주세요.

Special tip

1 2의 과정에서 팽이버섯은 남겨두세요. 버섯은 야채가 아니랍니다.

2 녹두를 갈아서 쓰면 더 맛있지만 찹쌀가루를 함께 불려 집에서 갈려면 번거로우니 녹두가루를 사다 쓰면 편해요.

3 북에서는 이런 녹두지짐을 하루 정도 뒀다가 냉면에 고명처럼 얹어 먹었다고 하네요. 어떤 맛일지 무지 궁금하지죠? 부침을 냉면에 얹어 먹었다니 말이에요.

4 녹두 껍질을 벗기려고 여러 번 헹굴 때 새 물로 하지 말고 계속 그 물을 가지고 헹구어 마지막에 새 물로 헹구어야 녹두의 구수한 맛을 간직할 수 있습니다.

4 **부치기**
기름 두른 팬에 3을 한 국자 떠서 동그랗고 예쁘게 펼쳐주세요. 고명을 올려주고 앞뒤로 노릇하게 지져주면 됩니다.

녹두죽

1 녹두(1/2컵)를 찬물에 반나절 동안 충분히 불려 박박 주물러 껍질이 없어질 때까지 여러 번 헹구어 껍질을 걸러내고 쌀은 불려 놓습니다.

2 불린 쌀을 건져 으깬 녹두와 녹두물을 냄비에 담아 은근한 불에 쌀알이 퍼질 때까지 끓입니다.

지짐을 부칠 때 부서진다는 분들이 많을 거예요. 앞면이 완전히 익은 후 뒤집어 주면 잘 부서지지 않는답니다. 또한 찹쌀가루가 적당히 섞이면 잘 부서지지 않아요. 부칠 때 기름을 넉넉히 두르고 약한 불에서 서서히 익혀야 타지 않고 고루 익는답니다.

구수한 비지로 만든
비지밥

비지찌개는 들어 봤어도 비지밥은 정말 생소하죠? 비지의 구수한 맛과 영양을 그대로 느낄 수 있는 황해도 비지밥 함 먹어 보이소.

🧂 **요리재료**

재료 | 콩비지(3컵), 불린 쌀(4컵), 얼갈이배추(1단), 갈은 돼지고기(1줌)

양념장 | 진간장(3), 다진 파, 다진 마늘, 깨소금(1)씩, 고춧가루, 설탕(0.5)씩, 참기름 약간

돼지고기 양념 | 다진 마늘(1), 통깨(0.5), 진간장(2), 참기름(0.5)

1 배추 데치기

얼갈이배추는 끓는 물에 숨이 죽도록 데쳐 물기를 꼭 짜서 4cm 길이로 썰어줍니다.

2 돼지고기 양념하기

돼지고기는 분량대로 양념해서 조물조물 무쳐주세요.

3 돼지고기와 배추 볶기

솥에 돼지고기를 먼저 넣고 볶다가 하얗게 익으면 데친 배추를 함께 넣고 볶아주세요.

Special tip

1 밥을 지을 때 비지를 넣고 농도가 짙으면 물을 부어 밥물을 맞춰주세요.

2 비지를 넣고 한 번 끓인 다음 쌀을 넣어야 밥이 부드럽답니다.

3 밥이 다 되면 잘 섞어 양념장과 곁들여 내면 됩니다.

4 밥 짓기

3에 비지를 넣고 한 번 끓어오르면 불린 쌀을 넣고 밥을 지어 주세요.

> 밥은 평소 밥할 때와 마찬가지로 하면 됩니다.

콩의 효능

콩은 '밭에서 나는 쇠고기' 라 할만큼 저칼로리, 저지방 식품입니다. 특히 비타민과 철분, 뼈와 치아의 성분인 칼슘의 양도 풍부하여 그야말로 고영양, 고단백식품입니다. 또 콩에는 단백질, 비타민B군, 철분 이외에 이소플라본(Isoflavone)이라고 하는 식물성 호르몬이 함유되어 있는데 이는 여성호르몬인 에스트로겐과 유사한 역할을 합니다. 콩에는 노화를 막아주고 머리를 좋게 하는 성분과 콜레스테롤의 소장 내 흡수를 방해하는 작용을 하는 식물 스테롤(plant sterol)이 있어 성인병 예방 및 치료에 좋은 식품입니다. 또한 유방암, 대장암, 자궁내막암, 폐암의 발생 확률을 줄이는 항암효과가 뛰어난 우수한 식품입니다.

수수하게 만드는
신원백설기

일반적으로 해먹는 백설기와 크게 다른 점은 없는데 신원백설기는 녹두를 맷돌에 갈아 섞는다는 점이 특징이에요. 더욱 고소한 맛을 느낄 수가 있어요. 견우와 직녀가 만난다는 7월 7석에 먹는 여름 떡 백설기. 이제 집에서 손쉽고 푸짐하게 쪄서 이웃과 나눠 먹으면서 정을 나누세요.

요리재료

재료 | 멥쌀가루(10컵), 소금(1), 설탕 약간

멥쌀을 불려 방앗간에 가서
빻아 달라고 하면 적당량의
소금을 넣어 빻아 줍니다.

설탕물에 꿀을 섞어 솔솔 뿌려 손으로
고루 섞어 체에 내리기도 하지요. 방앗간에서
소금을 넣고 빻았다면 소금을 넣지 마세요.

그냥 먹기 심심하면 아몬드나 건포도 또는
단호박 등을 추가해서 쪄주세요.

1 멥쌀가루 물에 섞기

수분이 부족한 멥쌀가루는 물을
솔솔 뿌려 손으로 고루 비벼주세요.

2 체에 내리기

1의 멥쌀가루를 체에 내려 소금과
설탕을 섞어 한 번 더 체에 내려줍니다.

3 찜기에 담기

찜기에 베보자기를 적셔 깔고 체
에 내린 멥쌀을 평평하게 담습니다.

Special tip

1 베보자기 대신 한지를 적셔 사용하기도 해요.

2 뜸이 들면 한 김 식힌 후 먹기 좋게 잘라내세요.

4 찌기

김이 오른 찜통에 3을 넣고 20분
정도 쪄내면 완성이에요.

남는 떡은 냉동실에
얼려두고 먹을 때 밥솥에 넣어
먹으면 금방 한 떡처럼 맛있어요.

요리 속의 요리

무지개떡

재료 | 멥쌀 대두(1되), 설탕(20), 물(20), 코코아가루(1/2컵), 완두콩가루(1/2컵), 오미자(1/2컵), 치자(3알), 소금 약간

1 쌀은 깨끗이 씻어 충분히 불린 다음 물기를 뺀 후 곱게 빻습니다.

2 완두콩은 푹 쪄서 체에 으깨서 내려 가루로 말리고 오미자는 끓여서 식힌 물에 담가 붉은 물을 만듭니다.

3 치자는 물에 담가 우려 노란물을 만듭니다.

4 흰 쌀가루에 설탕을 섞고 물을 뿌려 비벼서 체에 내려 흰색의 쌀가루를 만듭니다.

5 쌀가루에 완두콩가루를 섞고 설탕, 물을 넣어 고루 비벼 체에 내려 파란색의 쌀가루를 만듭니다.

6 쌀가루에 설탕을 넣고 오미자물(4)을 넣어 고루 비벼 체에 내립니다.

7 나머지 쌀가루에 코코아가루, 설탕, 물을 넣고 고루 비벼 체에 내립니다.

8 시루에 맞게 베보자기를 깔고 설탕을 뿌린 다음 5가지의 떡가루를 색을 맞춰가며 켜켜이 앉힙니다.

9 찜통에 물을 붓고 김이 오르면 만들어 놓은 시루를 올려 쪄냅니다.

영양 가득 입안 가득
잡곡밥

일주일에 하루쯤은 몸에 좋은 여러 잡곡들을 섞어 잡곡밥을 만들어 보세요. 그냥 먹기 심심하면 호박잎을 살짝 쪄서 양념장과 곁들여 먹으면 너무너무 맛나답니다.

요리재료

재료 | 찰수수(1/2컵), 붉은 팥(1/2컵), 차조(1/2컵), 쌀(4컵)

> 찰수수는 떫은 맛을 우려내기 위해 박박 문질러 씻어주세요.

> 따로 둔 팥물은 밥을 지을 때 사용할 거에요.

1 찰수수 데치기

찰수수는 주무르듯 씻어 끓는 물에 살짝 데쳐 건져 놓습니다.

2 팥삶기

붉은 팥은 찬물을 붓고 무르익을 때까지 푹 삶아 익힌 다음 팥은 건져내고 팥물은 따로 두세요.

3 차조 씻기

차조는 얼른 씻어 건져두고 쌀도 깨끗이 씻어 체에 건져두세요.

Special tip

1 거친 잡곡밥을 싫어하는 아이들에게는 잡곡을 갈아서 밥을 짓는 방법도 좋아요.

2 기호에 따라 잡곡은 추가하거나 빼도 돼요.

4 한데 섞어 밥짓기

1, 2, 3의 준비한 잡곡을 고루 섞어 팥물을 조금 부은 다음 물을 맞춰 밥을 짓습니다.

5 뒤섞기

밥이 다 되면 앞뒤로 고루 섞어 그릇에 담아내면 됩니다.

> 압력솥이 아닌 냄비에 밥을 지을 땐 차조는 맨 나중에 밥물이 끓으면 넣어 주세요.

단백질이 가득한 별미 음식

콩국수

입안에 콩국의 고소함이 번지면 입맛 없는 어른, 아이 할 것 없이 한 사발이 모자라죠. 더운 여름날 이 콩국수 한 그릇이면
영양이 녹아 있는 국물까지 싹 비운답니다.

요리재료

재료 | 흰 콩(2컵), 국수(4인분), 오이(1
개), 방울토마토(4개), 통깨(2), 소금 약간

콩을 너무 오래 삶으면 메주냄새가 나고
덜 삶으면 비린내가 난답니다.

고소함을 더하기 위해 통깨를 솔솔 뿌려
내거나 콩을 갈 때 함께 갈아줘도 좋아요.

1 콩불리기

흰 콩은 미리 하룻밤 전에 불려 준비하세요.

2 껍질벗기기

불린 콩이 무르익도록 삶아서 찬 물에 헹구어 손으로 비비면서 껍질을 벗겨줍니다.

3 믹서에 갈기

콩은 믹서에 물을 조금씩 넣어가며 곱게 갈아서 차게 보관해둡니다.

Special tip

1 콩과 함께 잣도 추가하면 영양이 두 배 맛도 두 배가 되겠죠.
2 집에서 콩을 갈기 번거롭다면 마트에서 손쉽게 구할 수도 있어요.

두부 샐러드

재료 | 두부(2모), 양상추, 양파, 오이, 셀러리 적당량씩, 소금, 녹말가루 약간씩
소스 | 참깨(1), 진간장(2), 식초(1), 레몬즙(0.5), 올리브 오일(1/4컵), 설탕(1), 두반장(1), 참기름, 다진 마늘 약간씩

1 두부는 전 부치는 크기로 썰어 소금을 살짝 뿌려 10분간 뒀다가 키친타월로 물기를 제거하고 녹말가루를 묻혀 튀겨낸 뒤 식힙니다.
2 야채는 깨끗이 씻어 물기를 제거하고 양상추는 손으로 찢고 양파와 오이는 채 썰고 셀러리는 어숫하게 썰어 튀겨 낸 두부와 섞어 그릇에 담고 소스를 끼얹으면 됩니다. 야채는 제철 야채를 사용하면 됩니다.

4 그릇에 담아내기

면을 삶아 그릇에 담고 갈아놓은 콩을 부은 뒤 채 썬 오이와 토마토를 얹고 통깨를 뿌려 마무리합니다.

소금은 따로 내서 기호대로 넣으세요.

새싹들의 퓨전 요리

해주비빔밥

해주지방에서 먹어왔던 음식으로 맨밥을 쓰지 않고 기름에 고슬하게 볶은 밥을 씁니다. 비타민이 가득한 새싹과 고소한 닭고기가 만나 색다른 퓨전 해주비빔밥이 되었네요. 봄이 오는 냄새가 물씬 나는 색다른 비빔밥을 만나 보세요.

🧂 요리재료

재료 | 닭 가슴살(1팩), 대파(1뿌리), 통마늘(5쪽), 모둠새싹(1팩), 오이(1개), 뜨거운 밥(4공기), 미림(1)

닭살 양념 | 후추, 통깨, 소금 약간씩

양념 고추장 | 고추장, 설탕 약간씩

닭 국물은 기름기를 걸어내고
소금으로 간해 국물로 내면 좋아요.

새싹이 무르지 않도록
살살 흔들어 씻어주세요.

1 닭살 삶기
닭살은 대파, 통마늘, 미림을 함께 넣고 30분 정도 푹 삶아줍니다.

2 닭살 무치기
삶은 닭살은 건져 가늘게 찢어 후추, 통깨, 소금을 넣고 조물조물 무쳐주세요.

3 새싹 씻기
준비한 새싹은 흐르는 물에 흔들어가며 깨끗이 씻어 건져 물기를 쏙 빼주세요.

Special tip

1 닭살 대신 쇠고기나 돼지고기를 볶아 넣어도 맛있답니다.

2 원조 해주비빔밥은 밥을 돼지기름에 볶아서 사용한다고 하네요.

3 새싹채소는 대형마트에 가면 쉽게 구할 수 있어요.

4 볶은 고추장을 이용하면 더 맛있어요.

4 그릇에 담아내기
그릇에 밥을 담고 새싹과 채 썬 오이, 닭살을 올린 후 양념 고추장과 함께 내주세요.

요리 속의 요리

약고추장 만들기

1 기름기 없는 부위의 고기를 사서 곱게 다집니다.

2 팬에 곱게 다진 쇠고기와 마늘, 참기름을 넣고 저어가며 볶습니다.

3 고기가 어느 정도 익었을 때 고추장을 넣고 고기와 잘 어우러지도록 고루 섞어가며 볶습니다.

4 끓어오르면 꿀과 설탕을 넣고 고루 섞어 다시 끓이다가 참기름을 넣어 다시 살짝 끓여줍니다.

김치 중에 별난 김치
열무 호박김치

나물로 많이 쓰이는 호박에 열무를 더해서 별난 김치를 만들어 보았답니다. 호박김치는 겨울철 영양소를 보충하기 적격이에요. 지글지글 김치찌개용으로도 그만이랍니다.

🍶 요리재료

재료 | 열무(1/2단), 애호박(2개), 실파(1/4단), 굵은 소금(2줌)
무침 양념 | 고춧가루(1/2컵), 다진 마늘(2), 다진 생강(1), 붉은 고추(1개), 청고추(1개), 쌀뜨물 적당량, 소금 약간

절인 열무와 호박은 찬물에 씻어
건져내 물기를 빼주세요. 애호박 대신 늙은 호박을
이용해도 무방합니다.

1 열무 썰기
열무는 깨끗하게 잘 씻어 7cm 정도의 길이로 잘라줍니다.

2 소금에 절이기
반달썰기한 애호박과 열무를 함께 담아 켜켜이 소금을 뿌려 숨이 살짝 죽을 때까지 절여둡니다.

3 양념과 섞기
살짝 절여둔 열무와 호박에 실파를 썰어 넣고 분량의 양념을 잘 섞어줍니다.

Special tip

1 잘 익은 김치는 기름에 달달 볶다가 멸치육수를 부어 찌개를 끓여도 좋아요.

2 무친 다음 간을 보고 싱거우면 소금으로 마저 간해주세요.

4 실온에서 익히기

3을 통에 담아 미리 끓여 식힌 쌀뜨물을 소금으로 간하여 자작하게 붓고 익혀 먹으면 돼요.

실온에서 2~3일 정도
익힌 뒤에 냉장고에 넣고
차게 해서 드세요.

쌈장이 더 맛있어졌다! 샘표 양념이 듬뿍 든 쌈장

맛있는 쌈장에 홍고추, 마늘, 참깨, 양파 등 각종 양념이 듬뿍!
쌈장만으로 쌈이 더욱 맛있어 집니다.

샘표 양념이 듬뿍 든 쌈장이 좋은 이유 4가지

- 홍고추, 마늘, 참깨, 양파 등 신선한 양질의 재료가 듬뿍!
- 3無 선언(MSG, 인공색소, 합성보존료 무첨가), 오직 신선한 양념만으로 쌈장의 맛을 더합니다.
- 갓 만든 듯 먹음직스러운 밝은 색상과 윤기
- 언제 어디서나 간편하게 먹을 수 있는 담백한 맛

제품 문의 : 080-996-7777 샘표식품 고객상담실 – 유통기한 확인하여 제품 선택 올바르게